AF295817

COURS D'AGRICULTURE, DE VITICULTURE

ET D'HORTICULTURE

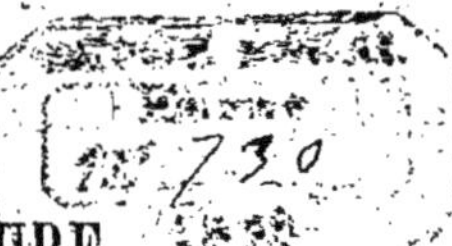

COURS DE PREMIÈRE ANNÉE

AGRICULTURE ET HORTICULTURE

1ᵉʳᵉ PARTIE. — AGRICULTURE

PRÉLIMINAIRES

Définition et but de l'Agriculture.

L'*Agriculture* est l'art de cultiver la terre dans le but de lui faire produire les plantes utiles à l'homme. Elle répond aux premiers besoins de notre existence puisque c'est elle qui nous donne le pain, le vin, la viande, les fruits; puisque c'est elle encore qui fournit les matières premières indispensables à nos industries les plus nécessaires, celles du lin, du chanvre, de la laine, par exemple, dont nous faisons nos vêtements.

Influence de la civilisation sur le développement de l'Agriculture. — Sollicitude des gouvernements.

De tout temps, la question de l'Agriculture a été pour les sociétés humaines une question de premier ordre, de tout temps elle a préoccupé les grands esprits parce que les plus sérieux intérêts non seulement d'un peuple, mais de l'humanité elle-même, y sont engagés.

L'histoire ancienne nous apprend que, chez les Egyptiens et les Perses, on adorait, en Osiris, le dieu bienfaisant de l'Agriculture.

Les Grecs pratiquaient le culte de Cérès et de son élève Triptolème. Un de leurs poëtes, Hésiode, dès le IXᵉ siècle avant J. C., chantait la Nature et la Terre en son poëme des *Œuvres et des Jours*.

Plus tard, à Rome, Caton l'Ancien, l'agronome latin Columelle écrivaient des traités d'Agriculture; et après eux, l'harmonieux Virgile, dans ses *Bucoliques* et ses *Géorgiques*, reprenait le même sujet pour célébrer l'agriculture et la vie champêtre.

Le peuple romain était à la fois, soldat et cultivateur; les citoyens consacraient à la culture des champs le temps que leur laissait le service militaire, ils quittaient la charrue pour aller occuper les emplois les plus élevés de la République et retournaient à leurs champs après avoir rempli les devoirs de leur charge. Le nom d'Agricola, immortalisé par Tacite, signifie *laboureur*, et vous savez comment de tels soldats laboureurs asservirent le monde entier à la domination romaine.

Sous la domination des Romains, la Gaule, couverte de forêts et de landes incultes au moment de la conquête, fut défrichée et son agriculture était encore très florissante au moment de l'invasion des Barbares. Ce nouvel événement fit reculer la civilisation de plusieurs siècles et, malgré les efforts successifs de Charlemagne, de Charles V, de François Ier et Henri II, ce ne fut qu'avec Henri IV et son ministre Sully que l'on vit renaître, de façon appréciable, l'agriculture française. C'est aussi au XVIe siècle que parurent les premiers livres français traitant d'Agriculture, ceux de Charles Étienne, Jean Liébaut, Bernard Palissy et Olivier de Serres.

Au règne de Louis XIV, le progrès s'accentua sous Colbert, mais après ce ministre, la fin du règne ramena les mauvais jours des siècles précédents.

Au XVIIIe siècle enfin, les économistes Trudaine, Vincent de Gournay et Turgot firent, à force de persévérance, s'ouvrir l'ère des réformes qui donnèrent à l'agriculture tout son développement.

Dès lors, les encouragements donnés, dans la suite, par Napoléon Ier qui récompensait les améliorations culturales; l'impulsion que, de 1840 à 1848, l'agriculture reçut sous le règne de Louis-Philippe, par la fondation de comices et l'ouverture d'écoles agronomiques,

donnaient un essor considérable à la production. Le
progrès agricole s'accélère sous la seconde République
et le second Empire jusqu'à ce que, de nos jours, l'a-
griculture reconquièrent sa place dans les sciences,
ils ont l'industrie vraiment nationale, objet de la sollicitude du gouvernement de la République. Depuis
1870, la création de nouvelles écoles nationales, des
encouragements alloués sous toutes les formes au cultivateur, les engagent à produire plus et mieux en les
mettant à même de perfectionner leurs méthodes.

Situation de l'agriculture en France

La population agricole française compte environ
20 millions de personnes, c'est-à-dire qu'elle représente
[illegible] de la population totale du pays. La valeur de
ses productions s'élève à 18 milliards, 045 millions
de francs par an et la situation agricole actuelle, par
comparaison avec ce qu'elle était il y a cent ans, est
[illegible]ment.

Désignation	1791	1891	Augmentation
Froment	[illegible]	[illegible]	[illegible]
Vins et cidres	[illegible]	[illegible]	[illegible]
Viande	[illegible]	1 926 000	[illegible]
Prés et herbages	3 000 000	6 624 000	[illegible]
Bétail	[illegible]	[illegible]	[illegible]
[illegible]	[illegible]	1 827 000	[illegible]

En même temps que la culture se voit accroître sa
richesse, [illegible] par 1791
[illegible] productions ont augmenté de 3 à 4 [illegible]
[illegible].

Le tableau suivant [illegible] la répartition [illegible]
[illegible] par région [illegible].

Années.	Quantité moyenne produite par hectare.
	Hectolitres.
1815-1821	9,89
1821-1831	11,90
1831-1841	12,77
1841-1851	13,68
1851-1861	13,99
1861-1871	14,22
1871-1881	14,60
1881-1891	15,79

La routine et la science.

Et pourtant, nous ne produisons pas autant que nous le pourrions, car notre rendement moyen de 15 à 16 hectol. pourrait être facilement porté à 20 ou 25, si nous ne nous attardions pas dans de vieilles pratiques agricoles qui, pour avoir eu jadis leur valeur, sont aujourd'hui tout a fait défectueuses. Aussi nous laissons-nous primer à ce point de vue par l'Angleterre, où le rendement du blé est de 28 hectol., par la Hollande où il est de 22 hectol., par la Belgique où il est de 21 hectol. et demi, etc.

C'est vrai que notre rendement de 15 hectolitres était, il y a cent ans, de 9 hectolitres à l'hectare et que l'amélioration est incontestable, mais combien sommes-nous loin de la perfection puisque, tandis que nous regardons comme exceptionnel un rendement de 20 à 25 hectol. dans nos bonnes terres, l'Allemagne, par exemple, en obtient 50 dans des sols valant moins que les nôtres ?

Cela tient à ce que nous sommes encore en proie à la routine, cet attachement irréfléchi aux méthodes transmises de père en fils sans perfectionnements. Cela montre, chez l'Allemagne, un élan plus énergique que chez nous, vers le progrès, car elle doit les résultats qu'elle obtient à l'association de la science avec l'agriculture, elle ne les doit qu'aux acquisitions nouvelles faites chaque jour par les sciences naturelles, la physique, la chimie et la mécanique, acquisitions dont elle sait profiter à propos.

Cela tient aussi, pour une part, à la considération

charrue, des sillons bien réguliers. C'est une erreur que de penser et de dire qu'il soit toujours assez instruit. Il importe, au contraire, qu'il puisse se rendre compte de ce qu'il fait, qu'il connaisse les besoins de ses plantes et de sa terre, qu'il soit sans parti pris et qu'il se garde de la routine en appliquant, dès qu'il le peut, les perfectionnements bien reconnus.

Une bonne instruction agricole s'impose donc, parce qu'elle est d'un intérêt général et le gouvernement de la République en a compris toute l'importance. Depuis 20 ans, il a multiplié les écoles pratiques, des professeurs ont été nommés dans chaque département, des programmes et des concours ont été établis pour les établissements d'instruction publique.

Animées du même sentiment patriotique, des municipalités sont venues joindre leurs efforts à ceux de l'État pour donner à l'enseignement agricole tout le développement qu'il doit avoir. C'est ainsi qu'il faut rendre un hommage particulier aux administrations départementales et municipales de la Marne pour la généreuse impulsion qu'elles lui donnent, en subventionnant dans les établissements d'instruction du département, des cours d'agriculture et de viticulture tels que le cours public d'Épernay.

ÉTUDE DU SOL

Le Sol. Ses fonctions

Nous définirons le *sol* en disant que c'est : « la surface sur laquelle reposent les corps terrestres. »

Pour l'agriculteur c'est : « la couche superficielle qui sert à la fois de support et de réservoir alimentaire aux végétaux. »

Nous avons à étudier le sol sous un double point de vue : sa nature et ses qualités productives.

Division du sol en « terre végétale » ou « sol » proprement dit et « sous-sol »

Et d'abord, nous distinguerons dans le sol deux parties :

1° La *terre végétale* ou simplement la *terre* des agriculteurs ; c'est le *sol* proprement dit.

2° Le *sous-sol*, c'est-à-dire la couche sous-jacente, formant le passage entre la terre végétale et la roche du terrain géologique.

Origine et formation du sol

En général, la terre végétale résulte de la réduction de la roche sous-jacente en parties de plus en plus petites mélangées ensuite aux débris organiques provenant de la décomposition des plantes.

Formation des sols en place

Dans la nature, les roches ne sont pas seulement réduites en fragments, elles sont aussi, le plus souvent, décomposées. L'action de l'air et de l'humidité désagrège les roches, même les plus dures et les eaux qui ruissellent à leur surface *décomposent*, en les mélangeant, les parties superficielles détachées des masses solides.

Les alternatives de gelée et de dégel sont, en particulier, d'irrésistibles agents de désagrégation ; l'eau qui a pénétré dans les fissures de la pierre, joue, en se congelant, le rôle d'un coin qui sépare les fragments, (1) et cette action mécanique s'accompagne d'une altération chimique des roches par l'oxygène et l'acide carbonique tenus en dissolution dans l'eau de pluie. Enfin, des végétaux simples dont les germes sont apportés par l'air, se développent sur ce terrain

---

(1) Les roches qui se réduisent ainsi très rapidement en morceaux, sont appelés *pierres gélives* et on évite avec soin de les employer pour les constructions.

qui leur est préparé et continuent l'œuvre de décomposition par l'acide carbonique que dégagent leurs racines. A ces premières végétations en succèdent bientôt d'autres, et, peu à peu, par cette collaboration des intempéries et des êtres organisés, se forme, très rapidement parfois, la couche de terre végétale.

Formation des sols de transport

Les relations entre le sol et la couche sous-jacente semblent ainsi devoir être toujours fort intimes. Or, ce n'est pas la règle générale que de trouver un sol arable dont la nature soit la même que celle de son sous-sol ; en d'autres termes, on peut trouver un sol sableux à sous-sol argileux, un sol argileux à sous-sol calcaire, etc. C'est, en effet, que les pluies contribuent à former les ruisseaux, les rivières et les fleuves qui, exerçant leur action corrosive sur les parties du sol où ils coulent, détruisent les roches des régions les plus élevées et en entraînent continuellement les débris dans les vallées.

En outre, des couches de terre végétale formées, comme nous l'avons vu, à la surface des roches, sont parfois balayées par des cours d'eau qui vont les déposer plus loin sur des sols *de nature toute différente*. Dans ces cas particuliers, la persistance des actions physiques et chimiques qui s'exerceront dans la suite, tendra à établir une identité plus complète entre la composition de l'une et l'autre couche. L'homme, enfin, pourra lui-même, quand le sous-sol sera de bonne nature, augmenter par des labours profonds, l'épaisseur de la couche végétale et ajouter ainsi à ses qualités productives.

CONSTITUTION DE LA TERRE ARABLE

Composition de la terre végétale.
Ses quatre éléments essentiels.

La terre végétale, au sein de laquelle s'accomplissent les phénomènes de la végétation, agit sur les plantes tout à la fois par sa nature physique et sa constitution chimique. Elle n'est pas partout semblable à elle-même ni également fertile, aussi dit-on qu'elle est *arable* ou *cultivable* quand elle peut être d'une culture rémunératrice, et seulement à cette condition. Les conditions de plus à moins de fertilité pour la terre végétale ont leur cause dans les proportions variables des substances qui entrent dans sa composition. Or, les éléments qu'on rencontre, à l'état de mélange, dans toutes les terres cultivables, sont :

1° l'argile,
2° le sable,
3° le calcaire,
4° l'humus.

1° L'Argile

L'*Argile* ou *terre glaise* est une roche homogène, onctueuse et retenant bien l'eau quand elle est humide. Alors très facile à pétrir, elle est utilisée, à cause de sa plasticité, pour la fabrication des poteries. Elle devient très dure en séchant et subit un retrait qui la fendille en tous sens. — Au point de vue chimique, l'argile est un composé de silice, d'alumine et d'eau.

2° Le Sable

Le sable, formé de petits grains de *quartz* ou *silice*, ne retient pas l'humidité, il constitue une masse poreuse que l'eau traverse facilement. Sans cohésion aucune, il rend les terres friables et accessibles à l'air comme à l'eau.

3° Le calcaire.

Le *calcaire* ou *carbonate de chaux* est une matière blanche dont l'une des formes, la craie, est connue de tout le monde. Le calcaire se décompose sous l'action de la chaleur en acide carbonique qui se dégage et en chaux. C'est le calcaire existe dans le sol à l'état pulvérulent, il vaut beaucoup si, au contraire il s'y trouve en fragments, même assez petit il joue le même rôle que le sable et rend les terres perméables à l'eau.

Remarque. — Les trois éléments que nous devons appartenant au règne *minéral* et bien que chacun d'eux considéré isolément, soit impropre à alimenter la végétation, leur mélange dans de justes proportions suffira pour constituer une terre cultivable. Pourtant, la terre qui en résultera ainsi ne sera confiante qu'à la [...] que si un quatrième élément, d'origine *organique*, vient s'ajouter aux trois premiers : cet élément dernier subit [...] indispensable à la composition d'une bonne terre végétale.

4° L'humus

L'*humus* ou *terreau* se présente sous la forme d'une matière noirâtre, pulvérulente, volatile et [...] Il résulte de la décomposition des matières animales et végétales en présence de l'air et de l'humidité. L'humus s'imprègne facilement de vieille carbonique et [...] en le quantité d'azote, insoluble qu'il absorbe d'une façon [...] L'exhalaison [...] dont il s'imbibe sa grande qualité [...] [...] intenses de conserver longtemps la chaleur solaire.

Remarque. — À supporter longtemps conserve la de la terre [...] dirigent, il convient d'ajouter que l'on qui, [...] ne pas contribuer [...]

[...] carbonique et en chaux [...] combine avec l'oxygène, qui rend [...] acide carbonique trop grosses, modifient souvent d'une façon importante, les propriétés physiques du sol. En augmentant la perméabilité de la terre, elles contribuent à ameublir les terrains compacts et favorisent leur échauffement par la plus grande facilité qu'elles ont, elles-mêmes, d'absorber la chaleur ; elles donnent aussi plus de solidité aux sols trop meubles quand ils sont, en particulier, disposés en côteaux.

COURS DE DEUXIÈME ANNÉE

VITICULTURE

La culture de la vigne est une de celles qui concourent le plus à la richesse de la France. De toute l'Europe, en effet, nous sommes les seuls à produire des vins tels que le vin de Champagne, unique au monde, ou que nos vins si réputés de Bourgogne ou du Bordelais.

PHYSIOLOGIE DE LA VIGNE

La vigne appartient à la famille des Ampélidées. C'est un arbrisseau sarmenteux, grimpant, à feuilles alternes, palmées ; son inflorescence est une grappe.

La Fleur

Ses fleurs sont peu apparentes, vertes; le calice, à peine visible, porte 5 petites dents; la corolle a 5 pétales soudés ensemble par leur sommet de telle façon qu'à l'épanouissement, ils se détachent par leur base et forment une sorte de petite cloche qui recouvre les anthères des étamines et qui tombe bientôt; les étamines, au nombre de 5, sont placées *devant* les pétales et non pas entre eux ; le pistil, volumineux porte, au bout d'un style court, un stigmate aplati; l'ovaire est à 2 loges renfermant chacune 2 ovules.

Le Fruit.

Le fruit est une baie de forme diverse, sphérique où ovoïde, de couleur violacée ou roux blanc (d'où les noms de raisins noirs et raisins blancs). Cette baie renferme une masse plus ou moins succulente qui constitue le jus de raisin ou moût. Au milieu de ce jus nagent les graines.

Remarque. — Sauf chez de très rares exceptions où le jus est rouge (raisins teinturiers), c'est dans la peau du fruit que se trouve la matière colorante; aussi peut-on faire des vins blancs avec du raisin noir à la condition de ne pas laisser fermenter le moût en présence du marc.

Les Vrilles

La vigne s'accroche aux supports qu'on lui donne, par des filaments rameux, s'enroulant en spirale, opposés aux feuilles sur la tige et appelés *vrilles*. On considère les vrilles comme étant des inflorescences modifiées pour devenir des organes de soutien.

Les Feuilles.

Nous avons vu plus haut que les feuilles sont alternes, à nervation palmée. On constate que, sur chaque rameau, à partir de la seconde ou troisième feuille du bas, qui n'ont pas de vrilles, on trouve une alternance régulière de deux feuilles, opposées chacune à une vrille avec une troisième feuille sans vrille. C'est là un des caractères extérieurs de notre vigne européenne (Vinis vinifera).

Les Racines.

Les racines de la vigne sont, en général, rameuses, sans pivot apparent. Elles donnent, chaque année, des radicelles qui forment un chevelu plus ou moins abondant et qui sont l'organe essentiel de l'absorption.

Aoûtement.

Depuis la reprise de la végétation, au printemps, jusqu'au moment où le fruit est *noué*, la vigne se nourrit abondamment, elle continue à produire des rameaux et des feuilles; mais, à partir de ce moment, elle cesse de former des organes nouveaux, elle perfectionne ceux qui existent déjà; les rameaux grossissent, les grappes se développent et leurs grains se gonflent, les réserves nutritives pour l'année suivante, s'emmagasinent dans la tige, les rameaux et les bourgeons.

Vient alors la maturité du fruit. Une partie des réserves se transforme en sucre (glucose) pour se porter dans les raisins. Et, quand le fruit est tout à fait mûr, quand il ne demande plus rien au cep, les sarments s'*aoûtent*, c'est-à-dire se lignifient; les feuilles jaunissent, rougissent, et se détachent bientôt.

INFLUENCE DES MILIEUX

1° Nature du sol.

La vigne s'accomode de presque tous les sols ; sauf les terrains marécageux ou acides (humifères), tous lui sont bons quand le climat lui permet de mûrir son fruit.

C'est ainsi que :

<table>
<tr><td>les vignobles</td><td></td><td>sont situés dans des</td></tr>
<tr><td>du Bas-Languedoc
de la Camargue
de la Mitidjah (Algérie)</td><td>}</td><td>terres franches</td></tr>
<tr><td>des bords du Rhin
du Beaujolais
et des Bouches-du-Rhône</td><td>}</td><td>terres argilo-sableuses
mêlées de petits
cailloux</td></tr>
<tr><td>des graves du Bordelais
et du Médoc</td><td>}</td><td>terres sableuses avec plus
ou moins de cailloux</td></tr>
<tr><td>de Frontignan (Hérault)
de certains crûs blancs de la Côte-d'Or
de Pierry, Ay, Epernay, Avize, etc, en Champagne</td><td>}</td><td>terres
calcai-
res</td></tr>
</table>

Les sols *légers ou moyennements compacts*, faciles à échauffer, assez perméables à l'eau, donnent une végétation peu abondante, *mais souvent des vins de choix*.

Les terres *riches et fertiles*, fraîches et profondes, donneront, au contraire, des produits abondants (bois feuilles, fruits) mais de qualité médiocre. Un des grands avantages de la culture de la vigne est donc de pouvoir se faire avec profit dans des sols trop peu fertiles pour être livrés avec avantage à d'autres cultures.

2° *Coloration du sol*

La coloration du sol, *noire*, *brune* ou *rouge*, favorise le développement des radicelles par l'absorption rapide de la chaleur solaire.

Mais les sols ainsi colorés rayonnent aussi facilement cette chaleur qu'ils l'ont d'abord absorbée et l'abaissement de température peut causer au printemps les gelées blanches, fort nuisibles à la vigne en particulier.

Les terres *blanches* s'échauffent, d'autre part, assez difficilement parce qu'elles réfléchissent les rayons solaires. Les radicelles s'y développent difficilement, ce qui cause souvent une maladie de la vigne, la *chlorose*, et le *grillage* des raisins, à l'été.

Enfin, les terrains *caillouteux* sont fort *favorables* dans les vignobles, la vigne s'y développe peu en bois, mais elle y dure longtemps et, pour être peu abondant, son fruit y est plus hâtif et de meilleure qualité que dans des sols de même composition et sans pierrailles.

Remarque. — Un terrain riche en potasse (terres argileuses) donne des vins alcooliques, à bouquet agréable; mais c'est surtout le terrain calcaire qui donne le sucre, et par suite aussi, l'alcool, il développe aussi des bouquets de grande force, (ex. : ceux des vins de Bourgogne) moins fins, pourtant, que ceux des terrains sableux (Bordelais).

Le climat

Le climat tempéré est le plus favorable à la culture de la vigne, c'est pourquoi notre viticulture française est si variée et productive.

Les régions les plus septentrionales donnent les vins fins et frais de Bourgogne, du Jura et du Doubs, les vins mousseux de la Champagne. Au sud, les régions les plus chaudes et les plus sèches donnent les vins de liqueur du Roussillon, de Frontignan, etc.

Enfin les régions moyennes donnent les vins de grande consommation.

Latitude et Altitude

La culture de la vigne vinifère s'arrête vers la latitude de Paris, au nord ; elle s'étend au sud, jusqu'au delà de l'Algérie. Au niveau de Paris, on ne la trouve que jusqu'à 100 ou 170 mètres d'altitude tandis qu'en Provence, elle s'exerce à 700 et 800 mètres (sur le mont Ventoux, par exemple).

Exposition

La vigne se plaît surtout dans les terrains en pente, situés au midi, à l'est ou au sud-est. Elle est exposée, dans les vallées, à des brouillards qui en altèrent le fruit ou en empêchent la floraison (coulure), aux gelées blanches de printemps et quelquefois à la pourriture. La disposition des vignobles en côteaux, à l'exposition du midi est, de toutes, la plus avantageuse.

Épernay — Imp. J. DUBREUIL.

COURS D'AGRICULTURE, DE VITICULTURE
ET D'HORTICULTURE

COURS DE PREMIÈRE ANNÉE

AGRICULTURE ET HORTICULTURE
(SUITE)

CLASSIFICATION DES SOLS

*Composition et caractères des diverses
sortes de terres.
Leur aptitude productive.
Avantages et inconvénients qu'elles présentent.*

Les éléments essentiels que nous venons de voir donnent, par leur mélange, différents sols dont la constitution et les aptitudes productives varient avec la proportion des substances composantes. Ainsi :

1° *Terres franches*

Quand le mélange présente les conditions voulues pour constituer de bons sols arables, ceux-ci prennent le nom de *bonnes terres* ou *terres franches*. C'est le type qu'on cherche à obtenir lorsqu'on veut améliorer un sol défectueux.

On trouve dans une bonne terre :

$$2o \text{ à } 3o \;\%\; \text{d'argile,}$$
$$5o \text{ à } 7o \;\%\; \text{de sable,}$$
$$5 \text{ à } 1o \;\%\; \text{de calcaire,}$$
$$5 \text{ à } 1o \;\%\; \text{d'humus.}$$

Ainsi composée, la terre franche n'est ni trop consistante, ni trop friable, ni trop sèche, ni trop humide. Elle est très fertile et toutes les plantes y végètent dans de bonnes conditions.

D'autre part, quand un des éléments constitutifs est plus abondant que les autres, il donne son nom à la terre.

Aussi désigne-t-on par :

Terres *argileuses*, celles qui renferment plus de 3o % d'argile,

Terres *sableuses*, celles qui renferment plus de 7o % de sable,

Terres *calcaires*, celles qui renferment plus de 1o % de calcaire,

Terres *humifères*, celles qui renferment plus de 1o % d'humus (1).

2° *Terres argileuses*

Les terres *argileuses* ou *fortes* sont compactes, douces au toucher et se reconnaissent surtout à ce qu'elles produisent de la boue par les temps de pluie. Les laboureurs les appellent *lourdes* ou *fortes* parce qu'elles exigent un travail pénible ; elles adhèrent, en effet,

---

(1) En général, les terres incultes sont couvertes d'un grand nombre de plantes qui y poussent sans aucune espèce de culture. C'est là ce qu'on appelle la *végétation spontanée* de la région. Or, on peut connaître la nature d'un sol par l'examen de sa végétation spontanée. Ainsi :

La chicorée sauvage, le sureau yèble, sont, à l'état sauvage, dans les terres *franches*.

Les prêles (queue de cheval), le vulpin, sont, à l'état sauvage, dans les terres *argileuses*.

Les bruyères, les fougères, le genêt, sont, à l'état sauvage, dans les terres *sableuses*.

Les chardons, le tussilage, le pavot, le mélampyre (rougeole), sont, à l'état sauvage, dans les terres *calcaires*.

Les mousses, les joncs, sont, à l'état sauvage, dans les terres *humifères*.

aux pieds et aux instruments aratoires. Enfin, si elles retiennent bien l'eau, d'où le nom de terres *humides* ou *froides* qu'on leur donne encore, — elles ont aussi l'inconvénient de durcir en séchant et de se diviser en grosses mottes difficiles à briser.

Elles conviennent, pourtant, d'une façon particulière, pour la culture du blé, du trèfle, des fèves ; rarement du sainfoin et de la luzerne.

3° *Terres sableuses ou siliceuses*

La prédominance du *sable* dans cette espèce de terres leur donne peu de consistance et une grande perméabilité. Ce sont des sols *légers*, *secs*, âpres au toucher, mobiles sous le pied. Ils s'échauffent facilement au soleil, ce qui les a fait appeler terres *chaudes*. Plus commodes à travailler que les terres fortes, les terres sableuses ont le défaut de ne pas garder suffisamment l'humidité ; elles sont arides pendant la saison chaude et les plantes y sont exposées à se dessécher sous l'action du soleil.

Les terres sableuses sont surtout propres au seigle, aux pommes de terre ; les pins et les sapins sont les arbres qui s'y développent le mieux.

4° *Terres calcaires*

On nomme terres *calcaires* celles qui renferment une grande proportion de carbonate de chaux ; elles sont blanchâtres et font effervescence en présence des acides. Ce sont des terres *sèches*, stériles, qui durcissent et sont difficiles à travailler par les temps chauds. Leur couleur blanche, réverbérante, fait, qu'en été, les plantes y souffrent de la chaleur ; c'est la principale cause de la stérilité des sols crayeux, ceux du département de l'Aube (Champagne pouilleuse) par exemple. On désigne aussi les terres calcaires sous les noms de terres *maigres* ou *brûlantes*.

Le trèfle, le sainfoin, la luzerne, le colza, y vivent généralement bien, et quand la saison n'est pas trop sèche ou trop chaude, l'orge et même le blé peuvent y donner d'abondantes récoltes.

5° Terres humifères

Quand les terres renferment *trop d'humus*, elles sont désavantageuses au point de vue de la culture. Elles absorbent, grâce à leur teinte noire, une grande quantité de la chaleur solaire, mais elles sont trop humides et donnent naissance à des marécages. L'excès d'humus leur donne en outre, une acidité préjudiciable à la bonne nutrition des plantes (1). Les terres humifères sont encore dites terres *grasses*, et la présence des nombreux débris végétaux qu'on y rencontre sous une forme analogue à celle de la tourbe, les a fait encore appeler *tourbeuses*.

Toutes les cultures réussissent bien dans les terres humifères qui ne sont pas acides. L'avoine, les choux, le colza peuvent s'accommoder pourtant de l'acidité du sol.

Sols argilo-sableux, argilo-calcaires, etc.

On peut trouver, entre les quatre exemples que nous venons d'étudier, tous les types de transition possible. Par exemple :

Certains sols où dominent à la fois deux des substances essentielles, comme *l'argile et le sable*, donneront d'excellents résultats pour certaines cultures, et c'est ainsi que le seigle, le méteil (mélange de blé et de seigle) s'accommodent fort bien de ces sols *argilo-sableux*. La luzerne, le trèfle, le sainfoin, prospéreront dans un sol *argilo-calcaire*.

Les vignobles des meilleurs crûs se rencontrent dans les terres riches à la fois en *calcaire* et en *humus*.

On désigne sous le nom de *terre de bruyère* le mélange de *sable et d'humus* qui forme le sol des forêts. Ce nom vient de ce que les bruyères s'y développent

---

(1) L'humus des terrains tourbeux doit son acidité au tannin (acide tannique). Le tannin coagule l'albumine des végétaux en décomposition et, par suite, en rend l'absorption plus difficile aux plantes cultivées. Nous verrons plus loin qu'on y remédie par la chaux. p. 25)

spontanément tandis que nous y cultivons avec profit le plus grand nombre de nos arbres indigènes et
que les jardiniers l'emploient le plus souvent pour la
culture des plantes en pots.

LE SOUS-SOL

Le Sous-sol, sa nature.

Nous avons vu plus haut (page 7) que le sous-
sol est la couche du terrain placée immédiatement
au-dessous de la couche arable. Il ne renferme plus de
matières organiques, mais on y trouve, au contraire,
en abondance, des fragments de la roche du terrain
géologique sous-jacent.

Ces fragments sont de plus en plus gros à mesure
qu'on creuse davantage et le sous-sol établit ainsi le
passage entre la roche et le sol arable.

La nature du sous-sol est toujours plus uniforme
que celle de la couche superficielle parce que ce sous-
sol n'est pas soumis, comme le sol arable, à l'influence directe des actions extérieures ; aussi conserve-t-il
mieux sa forme et sa composition primitives.

Son degré de perméabilité

Suivant que le sous-sol est argileux, argilo-calcaire,
argilo-sableux ou purement sableux, il présente une
plus ou moins grande perméabilité pour l'eau. Or,
quand le sous-sol est imperméable, la pluie qui tombe
sur la couche superficielle y séjourne longtemps sous
forme d'eau stagnante qui tient les plantes dans un
état d'humidité préjudiciable à leur végétation.

Quand, au contraire, le sous-sol est *perméable*, l'eau
de pluie, traversant facilement la couche arable, s'é-
goutte dans le sous-sol et les racines des végétaux ne se
trouvent pas en présence d'un excès d'eau.

Son influence en agriculture

On voit donc, dès maintenant, quelle importance peut avoir, pour la couche superficielle, la nature de son sous-sol. Suivant que celui-ci se laissera ou non pénétrer par l'eau, il exercera une influence considérable sur les résultats de la culture.

Un sous-sol argileux, par exemple, sera favorable pour un sol sableux parce que l'eau qui traverse rapidement le sable, sera maintenue par la couche d'argile. Inversement, un sous-sol sableux sera avantageux pour une terre végétale forte en la débarrassant par égonttement, de son excès d'humidité.

La nature du sous-sol peut encore avoir une influence sur les qualités du sol. Nous avons dit (page 8) que dans certains cas, l'homme peut augmenter l'épaisseur de la couche végétale en attaquant, par des labours profonds, la zône supérieure du sous-sol. On comprend que si une terre arable manque d'un élément, de calcaire par exemple on peut, si le sous-sol est calcaire, en mélanger une partie avec la terre végétale dont on améliore ainsi la nature (1). Ce travail offre souvent de grands avantages quand il est possible de le faire, c'est-à-dire quand la couche arable n'a pas une profondeur plus grande que celle où peuvent atteindre les instruments de labour.

______

(1) V. plus loin aux amendements.

AMENDEMENTS ET ENGRAIS

Définition des amendements et des engrais

1° amendements

La terre franche, ce type des terrains les plus précieux au point de vue de la culture, n'est pas de tous le plus répandu. Plus fréquemment le sol n'offre pas les mêmes conditions favorables et l'homme qui le cultive ne peut en obtenir que de médiocres récoltes, tant qu'il n'est pas parvenu à l'améliorer. C'est en ajoutant à la terre arable des substances présentant des propriétés différentes des siennes qu'il arrive à ce résultat.

Une terre arable a, le plus souvent, pour défaut principal l'absence ou l'excès d'un de ses éléments essentiels; elle est ainsi trop lourde ou trop légère, trop froide ou trop chaude. Par conséquent, on l'améliorera en lui ajoutant, selon le cas, des matières plus ténues ou de nature plus compacte ; on modifie heureusement les terres argileuses fortes en y mêlant du sable et du calcaire ; les terres trop calcaires, en y incorporant du sable et de l'argile, etc.

Ces différents travaux constituent ce qu'on appelle *amender* la terre, c'est-à-dire la corriger en lui donnant les principes qui lui manquent ou qu'elle ne renferme pas en quantité suffisante.

Parmi les substances qui sont introduites dans le sol pour en modifier la nature, nous distinguerons les *amendements* proprement dits et les *engrais*.

Les *amendements* agissent *mécaniquement* et *physiquement* sur le sol, changent la proportion des éléments qui le composent et modifient sa consistance, suivant qu'on veut rendre ce sol plus ou moins perméable à l'air, à la chaleur et à l'humidité.

Les *engrais*, au contraire, agissent *chimiquement* sur le sol et, comme nous le verrons plus loin, lui fournissent les matériaux nécessaires à la nutrition et à l'accroissement des plantes.

Certaines substances qui présentent à la fois les deux qualités d'amendement et d'engrais, sont désignées sous le nom d'*amendements stimulants.*

1° *Amendement proprement dits*

Les *amendements* proprement dits n'augmentent pas la fertilité du sol, mais, en général, ils le préparent heureusement à profiter de l'action fertilisante des engrais.

Les conditions qu'il faut remplir pour employer les amendements avec avantage sont :

1° de bien connaître le sol qu'on veut amender et le genre d'amendement qu'il réclame.

2° d'avoir exactement la notion du rapport dans lequel il faut employer l'amendement.

3° de pouvoir enfin se procurer avec abondance la substance utile, à bon marché, et pouvoir la transporter facilement.

Classement des amendements

Les principaux amendements en usage sont :

1° *La chaux, la marne, l'argile, les sables.*

2° *Les cendres* brutes ou lavées (charrée), *la suie,* les *scories, le plâtre,* qui produisent, en outre, des effets remarquables sur la végétation, représentent les amendements dits *stimulants.*

1° *la chaux*

La *chaux* se fait avec des pierres calcaires (marbre, craie, etc). On l'obtient en chauffant fortement ces pierres pour en chasser l'acide carbonique (v. plus haut, page 10), et le produit obtenu s'appelle *chaux vive.*

La chaux est une matière blanche, de saveur brûlante, qui se combine avec tous les acides pour former des composés comme le carbonate de chaux que nous connaissons déjà (craie, calcaire), le sulfate de chaux (plâtre), et le phosphate de chaux (substance minérale des os) que nous étudierons plus loin.

Nécessité de sa présence dans le sol arable

L'amendement par la chaux est précieux car le calcaire est un élément essentiel de la bonne terre.

Or la chaux agit sur le sol non seulement comme chaux proprement dite, mais encore comme calcaire, parce que le contact prolongé de l'air la fait repasser à l'état de carbonate de chaux. (elle reprend peu à peu à l'air l'acide carbonique qu'elle avait perdu par la cuisson.)

Son action au point de vue de l'alimentation des plantes, des réactions chimiques du sol, de l'ameublissement des terres

Comme chaux proprement dite, la chaux vive attaque énergiquement les matières végétales et les transforme en une sorte de terreau noir valant du fumier. Elle agit donc utilement pour la destruction des mauvaises herbes, du chiendent, par exemple, qu'elle transforme rapidement en humus. Elle se combine avec les acides des sols qui en contiennent trop et c'est de cette façon qu'elle corrige l'acidité des terrains tourbeux (v. plus haut, p. 20). Elle attaque certains sels contenus dans la terre (les sels de potasse des terrains argileux, par exemple, dont elle dégage la potasse qui devient mieux absorbable pour les plantes) et modifie ainsi la compacité du sol. Enfin, elle facilite l'assimilation des engrais en agissant sur les matières organiques dont elle accélère la décomposition.

Comme calcaire, la chaux joue un rôle efficace en introduisant un principe indispensable dans les sols trop compacts qu'elle ameublit en les échauffant ; elle donne aussi de la consistance aux terrains trop légers.

La végétation spontanée indique les besoins du sol en chaux.

Nous avons vu (p. 18) que la végétation spontanée d'une région indique à l'observateur la nature du terrain qu'elle recouvre. Les terres argileuses, sableuses et humifères sont celles où se fait sentir un impérieux besoin de l'élément calcaire. On est donc averti de la nécessité d'amender par la chaux quand apparaissent, dans un terrain, les prêles, les bruyères, les fougères, le genêt, les mousses, les joncs.

Chaulage. — Sa pratique

L'amendement par la chaux s'appelle le *chaulage*. Il se pratique le plus ordinairement en déposant la chaux sur le sol par petits tas alignés, espacés de 6 à 7 mètres les uns des autres et de 20 à 25 kilogr. chacun, selon la dose de chaux qu'on veut donner au sol. On recouvre ces tas d'une couche de terre qu'on bat avec le dos d'une pelle. La chaux ainsi couverte se délite par l'action de l'air humide, et quand elle est réduite en poudre, on la répand également sur le sol auquel on l'incorpore par un labour.

Quantité de chaux à employer

Il faut en moyenne, 40 à 50 hectolitres de chaux vive par hectare dans les terres sableuses ; 100 hectol. dans les terres argilo-sableuses où domine l'argile ; 200 hectol. dans les terres très argileuses.

Il faut éviter l'abus des chaulages

En résumé, l'action de la chaux se fait sentir à la fois sur les acides du sol, sur les sels et les autres principes accumulés dans la terre, sur les éléments fertilisants des engrais. Elle a donc un effet multiple qui se constate pour la récolte venant immédiatement après le chaulage. Mais, en raison même de son éner gie, il ne faut pas abuser de ce procédé qui produit rait bientôt un épuisement du sol : tout le fumier emmagasiné depuis des années se trouverait rapidement absorbé par les premières récoltes au préjudice des suivantes.

COURS DE DEUXIÈME ANNÉE

VITICULTURE
(SUITE)

LA VIGNE EUROPÉENNE ET SES VARIÉTÉS

La vigne européenne dont nous cultivons un grand nombre de variétés, appartient à l'espèce *Vitis vinifera*. Ses caractères principaux sont : un tronc ou cep relativement développé, à écorce grossière se détachant en lanières irrégulières ; des rameaux ou *sarments* cylindriques à entre-nœuds allongés ; des vrilles en série interrompue (v. page 13) ; des feuilles plus ou moins lobées, tantôt vertes et lisses, tantôt plus ou moins recouvertes de duvet blanchâtre ; des inflorescences en grappes variables, à fruits dont la chair fondante, peut présenter des saveurs particulières (goût de muscat p. ex.). Longtemps on a cru que la vigne vinifère était originaire du Caucase ; il est prouvé aujourd'hui qu'elle existait dans nos régions, à une époque extrêmement reculée. (1)

Les différentes variétés de vigne cultivée s'appellent *cépages* et des différents cépages résultent la diversité qu'on trouve dans les vins.

Nous nous bornerons ici à citer les principaux cépages français pour étudier ensuite plus spécialement ceux qui sont cultivés en Champagne.

Au nord du 46° degré de latitude, dans les vignobles de la Bourgogne, de la Champagne, de la vallée de la Loire, les diverses espèces de *pinot*, de *meunier* et de *gamay* tiennent la place principale ; au sud de ce 46° degré, dans les vignes du Bordelais, du Roussillon, du Languedoc et du Midi en général, les cépages les plus répandus sont : le *grenache*, le *picardan*, les *muscats*, les *blanquettes*, les *picpouls* ; un peu partout, on rencontre le *gros noir*, le *teinturier*; cépages à jus rouge sans influence sur la qualité des vins, mais destinés à les colorer. *(*v. page 12*)*.

Principales variétés cultivées en Champagne

Les diverses variétés cultivées en Champagne se ramènent à trois cépages principaux qui sont : le *pinot*, le *gamay* et le *meunier*.

1° Le Pinot

Le *pinot* est un très ancien cépage français ; il a donné lieu, par la culture, à des sous-variétés dont les fruits sont de couleurs diverses (noir, gris, blanc).

Les caractères généraux du pinot sont : un *cep* peu vigoureux ; des *sarments* grêles, à entre-nœuds allongés, de couleur jaunâtre, légèrement violacée après l'aoûtement ; des *feuilles* de grandeur moyenne, un peu épaisses, presque rondes, bien dentées, lisses ou

(1) M. Lemoine de Reims a trouvé à Sézanne dans le terrain tertiaire, (antérieur à l'apparition de l'homme) des empreintes de feuilles de vigne.

un peu rugueuses à la face supérieure, *qui tombent
les premières parmi celles dès autres cépages cultivés*.
Les *grappes* sont petites, tassées, cylindriques, à pédoncule ligneux ; les *grains* de raisin petits, ovoïdes,
souvent déformés par la pression qu'ils exercent les
uns sur les autres, *noirs foncés*, presque toujours recouverts d'une poussière blanche appelée *pruine*, à
peau épaisse.

A. Le Pinot noir, (appelé encore Plant doré, Vert
doré, Pinot de Fleury, Plant médaillé etc) est le cépage noir le plus remarquable par la qualité des vins
qu'il produit ; c'est lui qui donne les meilleurs crûs de
Champagne. Il mûrit hâtivement, mais son rendement ne dépasse pas 15 hectol. à l'hectare.

B. Le Pinot gris (Plant gris, Fromenteau) est considéré comme plus fertile que le pinot noir.

C. Le Pinot blanc (Plant doré blanc, Epinette) est
un peu plus tardif que le précédent, mais pas plus
fertile. Ses grains sont petits, sphériques, d'un vert
clair se dorant au soleil, sucrés, de saveur agréable.

Dans nos terres calcaires, disposées en côteaux, les
pinots donnent des produits d'excellente nature et
bien réguliers.

2° Le Gamay

Le *Gamay* possède un *cep* vigoureux, à *sarments*
moyens : ses *feuilles*, de grandeur moyenne, sont à
trois lobes ou presque entières, à dents courtes, à face
supérieure vert-clair, sans duvet ; à face inférieure
vert pâle légèrement duveteuse. Les *grappes* moyennes, cylindro-coniques, ont le pédoncule ligneux ; les
grains, serrés, de grosseur moyenne, ovoïdes, sont
juteux et sucrés. Le Gamay mûrit vite et son rendement est assez élevé, c'est un cépage à vins de quantité, mais non de qualité.

A. Le Gamay noir donne de belles grappes à grains
noirs foncés, pruinés, juteux et sucrés.

B. Le Gamay blanc n'en diffère que par la couleur du fruit.

Les Gamays donnent, dans les terrains calcaires, un vin sans grande finesse, mais abondant et coloré. Ils redoutent un peu les gelées printanières parce que leurs bourgeons s'ouvrent de bonne heure.

3° *Le Meunier*

Le *Meunier* présente un cep vigoureux, des *sarments* forts, à entre-nœuds allongés ; les *feuilles* sont grandes, un peu gaufrées, peu duveteuses à la face supérieure, mais garnies de duvet blanc à la face inférieure, à cinq lobes, largement et irrégulièrement dentées. Les *grappes* sont grosses, élargies à la base ; les *grains* moyens, globuleux, sont noirs foncés, pruinés, à jus sucré et agréable. Le Meunier est un cépage hâtif, productif, qui donne un vin abondant et de bonne qualité, corsé et pouvant gagner en vieillissant. Il demande un bon terrain assez profond et riche.

MODES DE REPRODUCTION DE LA VIGNE

On multiplie la vigne par le *semis* des pepins de raisin, par *boutures*, *plants enracinés*, *marcottes*, par *provins* et enfin par *greffe*.

1° Le semis

Le *semis* n'est guère employé que par les pépiniéristes dans le but d'obtenir de bonnes variétés nouvelles. Il produit, en effet, des individus nouveaux qui présentent, en général, non seulement les caractères de la plante mère, mais encore certains traits particuliers souvent heureux, propres à leur individualité. Pourtant ce procédé de multiplication n'est pas le plus pratique pour le viticulteur, car il exige un temps très long et ne donne pas toujours les résultats qu'on espère. Le plant de semis fait attendre plusieurs années son premier raisin et souvent celui-ci se trouve n'avoir qu'une fort médiocre valeur.

2° Les boutures

Les *boutures* sont des sarments de l'année précédente que l'on conserve sur une longueur de 0 m. 40 centimètres environ pour les enfoncer à 25 ou 30 c. de profondeur dans une bonne terre. Comme cela se passe pour les boutures en général, celles de la vigne donnent des racines adventives qui transforment le sarment en pied enraciné.

3° Les plants enracinés

Les *plants enracinés* sont des boutures que l'on a mises en pépinière où elles sont garnies de racines et qui sont propres, par conséquent, au *repiquage*. On les emploie pour remplacer les boutures qui n'ont pas réussi dans une plantation.

4° *les marcottes*

Les *marcottes* sont fournies par des sarments que l'on couche en terre sans les détacher de la plante mère et que l'on sépare ensuite de la souche quand ils ont acquis leurs racines adventives. Les marcottes sont aussi employées à remplacer les pieds manquants dans une plantation.

5° *les provins*

On obtient les *provins* à l'aide de sarments choisis sur des ceps vigoureux et que l'on couche, comme les marcottes, à une faible profondeur (20 à 25 centimètres) mais que l'on ne sépare pas du pied-mère.

Le *provignage* se fait, en Champagne, par couchage de la souche entière ; cette opération, dite *assizelage* consiste à enfouir le vieux bois en ne laissant dépasser que les sarments de l'année, taillés à deux, trois ou quatre yeux (*broche*). Le provignage ainsi exécuté permet de remplacer les souches devenues improductives ou de combler les vides existant dans une plantation récente ; on l'effectue chaque année, en Champagne, dans des proportions déterminées d'avance pour obtenir dans un laps de temps donné le renouvellement, le *rajeunissement* complet du vignoble. Il comporte un ensemble de travaux qui feront le sujet d'une prochaine leçon. (V. plus loin aux *Opérations à effectuer sur le sol où sont cultivées les vignes*).

Epernay. — Imp. J. DUBREUIL

COURS DE PREMIÈRE ANNÉE

AGRICULTURE ET HORTICULTURE

(SUITE)

2° La marne

La *marne* est un calcaire terreux formé par un mélange de carbonate de chaux et d'argile avec plus ou moins de sable. Elle est de couleur variable, le plus souvent grise ou bleuâtre, quelquefois jaune ou blanche. On la reconnaît à trois caractères qui sont : 1° de se déliter à l'air comme la chaux ; 2° de former pâte avec l'eau ; 3° de faire effervescence, comme le calcaire, au contact d'un acide.

Les diverses variétés de marne

La valeur de la marne dépend surtout de la quantité de chaux qu'elle contient ; la meilleure est donc celle qui renferme le plus de calcaire et le moins d'argile.

A. — On désigne sous le nom de *marne calcaire* ou marne *sèche*, celle qui contient de 50 à 80 o/o de chaux. C'est la plus recherchée ; elle s'emploie dans

les terres argileuses qu'on veut dessécher, réchauffer
et ameublir.

B. — La *marne argileuse* ou *grasse*, ne renfermant
que 20 à 40 o/o de calcaire, est moins avantageuse;
aussi ne l'emploie-t-on guère que pour donner du corps
aux sols sablonneux.

C. — La *marne sableuse* ou *maigre*, présentant une
plus grande proportion de sable, sert à amender les
terres très argileuses.

Pratique du marnage

Le marnage est d'une pratique plus commode que le
chaulage parce que la marne s'emploie telle qu'on
l'extrait de la *marnière* sans aucune autre préparation;
en outre, on la trouve fréquemment sous la couche
arable dans le terrain même qu'on veut amender.

La manière d'effectuer le marnage est celle que nous
avons vu adopter pour l'emploi de la chaux. On choisit
ordinairement l'arrière-saison pour déposer la marne
dans les champs, en petits tas de faible épaisseur, afin
que les alternatives de gelée et de dégel, de pluie et
de sécheresse la réduisent en poudre que l'on répand,
au printemps, avec la pelle et la herse.

On a remarqué que cet amendement ne produit de
bons effets que s'il est intimement mêlé au sol; aussi
ne fait-il quelquefois sentir ses effets qu'après un ou
deux ans, lorsque l'exécution du marnage n'a pas été
soigneusement faite, c'est-à-dire lorsque la marne a été
enfouie avant d'être bien délitée ou quand on ne l'a pas
absolument incorporée au sol.

Quantité de marne à employer

La marne s'emploie à une dose dix fois plus forte que
la chaux, soit 40 à 50 mètres cubes par hectare, c'est-à-dire
de 40 à 50 hectolitres. La dose à donner au sol qu'on
veut amender se mesure à la quantité de chaux
contenant la marne et aux proportions des aliments du
sol. Par exemple, si une terre habituellement cultivée
à 0m20 cent. de profondeur, se trouve avoir besoin de

recevoir 1 o/o de chaux, qu'on veut lui donner par le marnage ; le volume total de la couche arable étant de 5000 mètres cubes par hectare, la quantité de chaux à introduire est de 50 mètres cubes et, si la marne dont on dispose contient 50 o/o de chaux, il en faut 100 mètres cubes pour un hectare.

Son action sur le sol

La marne agit sur le sol de la même façon que la chaux, à la fois pour en modifier la constitution physique et pour en accroître la puissance productive. L'effet utile d'un bon marnage est très durable, il est encore sensible après plusieurs années. On a vu des récoltes doubler et presque tripler sur un sol convenablement marné. Mais il ne faut pas oublier que le marnage, comme nous l'avons déjà dit pour le chaulage, ne dispense pas de l'emploi des engrais ; si la marne, comme la chaux, favorise le développement de la récolte, elle ne le fait qu'aux dépens des éléments nutritifs emmagasinés dans le sol et, par suite, on doit rendre à ce sol une dose de fumier proportionnée à la quantité de marne employée.

Les faluns

Remarque. — Il est une substance calcaire, désignée sous le nom de *faluns*, que l'on utilise comme amendement calcaire pour les terres argileuses et que l'on emploie comme la marne, dans les mêmes proportions qu'elle. Les faluns sont des couches de terrain formées par des amas de coquillages brisés ; ces couches sont communes en Touraine, où on les exploite avec grand avantage. L'effet du falun n'est pas aussi durable que celui de la marne, mais il est très énergique.

3° l'argile

On emploie l'argile comme amendement pour les terres calcaires ou sableuses et, selon que la nature du sol à corriger est plus ou moins légère, on emploiera l'argile à raison de 50 à 200 mètres cubes par hectare. L'argile, étant très grasse, ne pourrait se mêler au sol si on voulait la répandre aussitôt après son extraction : on la transporte donc dans les champs avant l'hiver et on l'abandonne aux influences atmosphériques après l'avoir disposée en tas de 1 mètre de surface sur 0m40 cent. d'épaisseur. Au printemps, l'argile qui s'est réduite alors en petits fragments, est incorporée au sol.

4° Les sables

Les *sables* de toute nature peuvent servir à amender les terres trop fortes ; celles-ci sont utilement corrigées par l'adjonction d'une dose de sable variant de 1oo à 2oo mètres cubes par hectare. Et même, si on peut introduire cet amendement dans les terres très argileuses en même temps qu'on y opère le marnage, on obtient une amélioration dont les résultats surpassent de beaucoup les frais occasionnés par les travaux d'amendement.

On désigne sous le nom de *langues* ou *trez*, des sables marins, vaseux, que l'on trouve en masses considérables sur les côtes de Bretagne et de Normandie. Ils renferment souvent près de 5o o/o de calcaire sous forme de débris de coquillages et de polypiers.

Il en est de même du *maerl*, mélange de sable et de concrétions calcaires, qu'on extrait de la mer avec des dragues, à la marée basse, sur le même littoral.

Le maerl contient 75 o/o environ de calcaire. Il est employé, comme la tangue et le trez, pour l'amendement des terres fortes.

Amendements stimulants
5° Les cendres et la charrée

A. Les *cendres* de bois, de houille, de tourbe, s'emploient à la fois et avantageusement dans les terres légères aux-quelles elles donnent de la consistance et dans les sols argileux qu'elles ameublissent.

L'origine végétale des cendres fait qu'elles renferment les sels minéraux puisés dans le sol par les plantes (carbonates de potasse, de chaux et de soude, phosphates de chaux et de magnésie, etc) ; (1) aussi produisent-elles, sur la végétation, des effets remarquables en rendant au sol, ces matériaux nécessaires à la nutrition des plantes. Elles jouent donc le double rôle d'amendement et d'engrais.

Les cendres brutes conviennent aux terres légères, souvent pauvres en potasse et en soude. On les emploie à raison de 25 à 5o hectolitres par hectare, seules ou associées au fumier.

B. La *charrée* (qui n'est autre chose que les cendres sur lesquelles on a fait passer de l'eau pour en retirer les carbonates de soude et de potasse), est moins active que les cendres brutes, mais sa richesse en carbonate de chaux la rend propre à l'amendement des terres argileuses. On la mélange au fumier et on en répand 5o à 1oo hectolitres par hectare.

6° La suie

La *suie*, que l'on retire des cheminées, est un produit de la combustion de la houille ou du bois. C'est, comme les cendres, un stimulant actif pour les végétaux. Elle convient aussi très bien aux terres légères et possède, en outre, la propriété de détruire ou d'éloigner les insectes nuisibles. On l'utilise à la dose de 2o à 4o hectolitres par hectare, en particulier pour les prairies et les céréales d'automne.

7° Les scories

On appelle *scories* ou *laitier*, dans l'industrie du fer, une sorte d'écume à demi vitrifiée qui provient de la fonte du métal. L'épuration des fontes donne les scories dites *de déphosphoration*, qui contiennent des quantités variables de phosphore et de chaux (9 à 2o o/o d'acide phosphorique et 5o o/o de chaux).

Cet amendement rend de grands services dans toutes les terres acides, terres de défrichement, terres de vieilles prairies, où la matière organique est en abondance tandis que le calcaire fait plus ou moins défaut.

---

(1) C'est pourquoi les cendres font effervescence en présence des acides et servent aussi à lessiver le linge.

D'autre part, il est précieux pour les terres blanches crayeuses qu'il ameublit : on répand les scories dans cette dernière sorte de terres à raison de 1o à 12 hectolitres par hectare, après les avoir préalablement étendues sur les chemins pour y être broyées sous les roues des voitures et délitées au contact de l'air.

8° Le plâtre

On trouve dans la nature, sous le nom de *gypse* ou *pierre à plâtre*, des gisements parfois considérables d'une roche blanche, souvent transparente, qui n'est autre chose que du *sulfate de chaux* ; telles sont les couches exploitées aux environs de Paris et dans les Bouches-du-Rhône.

Le gypse, chauffé dans les mêmes conditions que le calcaire dont on veut faire de la chaux, devient blanc en perdant sa transparence, et lorsqu'il est réduit en poudre, il constitue *le plâtre*.

Pratique du plâtrage, action du plâtre sur les différentes récoltes

Ce n'est pas ordinairement sous la forme de plâtre cuit qu'on utilise le sulfate de chaux en agriculture ; on se borne à employer le gypse pulvérisé qui rend les mêmes services : on le répand à raison de 2 à 4 hectolitres par hectare, sur les prairies artificielles en particulier, c'est l'amendement par excellence des terres cultivées en Légumineuses (trèfle, sainfoin, luzerne, etc) ; (1) mais il n'a qu'une faible action sur les récoltes de Crucifères et n'a pas d'effet sur les céréales ni sur les prairies naturelles (Graminées) (2). On l'emploie en saupoudrant légèrement la terre quand les plantes sont encore humides de la rosée du matin ou par un temps brumeux, mais non par la pluie, car les effets utiles du plâtrage sont alors annulés.

---

(1) On remarque que les pois, les haricots et les fèves, venus en terrain plâtré, donnent d'abondants produits, mais le sel calcaire dont ils ont absorbé une notable quantité, fait qu'ils cuisent difficilement.

(2) Ou bien on devra l'associer au fumier pour les terres à céréales et les prairies naturelles ; le fumier plâtré a p'us d'action que le plâtre.

Théorie du plâtrage.

Le plâtrage ne doit être pratiqué que sur des terres convenablement pourvues de matière organique ; il est sans action sur les sols maigres.

De même que la chaux, le plâtre introduit dans le sol l'élément calcaire et contribue en outre à faciliter l'absorption des matières fertilisantes.

En présence de l'ammoniaque qui résulte de la décomposition des matières organiques, le plâtre (sulfate de chaux) cède une partie de son acide qui forme du sulfate d'ammoniaque, sel non volatil, tandis que l'ammoniaque se dissipe très facilement en vapeurs. Nous verrons plus loin que cette propriété de *fixer* l'ammoniaque est utilisée pour le bon entretien du fumier. Une quantité appréciable de ce principe fertilisant est ainsi maintenue dans le sol au plus grand profit de la récolte.

On peut employer comme le plâtre, les plâtras provenant des démolitions.

Action stimulante de l'acide sulfurique.

Remarque. — Nous venons de voir que le plâtre est un composé d'acide sulfurique et de chaux (sulfate de chaux). Nous étudierons, dans la suite, d'autres sulfates (sulfate d'ammoniaque, sulfate de fer) dont les effets sur la végétation sont aussi des plus remarquables. Cette action stimulante est due à ce que les corps composants de ces différents sels sont doués, chacun pour son compte, de propriétés énergiques.

L'acide sulfurique, en particulier, pris seul et mélangé avec cent fois son poids d'eau, est employé avec avantage pour arroser les terrains très calcaires occupés par des trèfles, des luzernes, etc., pour former des prairies artificielles.

On comprend que, dans ce cas des sols calcaires, il y a formation de sulfate de chaux, dont nous connaissons l'action sur les légumineuses fourragères; *les propriétés prochaines de l'acide sont analogues à celles de la chaux.* Nous verrons que, pour la même raison, le sulfate d'ammoniaque sera utilement employé pour relever rapidement une végétation languissante (blés d'hiver) ; le sulfate de fer pour combattre la chlorose de la vigne, etc.

2° LES ENGRAIS

Leur rôle dans le sol, la loi de restitution

On désigne sous le nom d'*engrais* toutes les matières qu'on ajoute au sol pour contribuer à la nutrition des p'antes.

Les végétaux, puisant leur nourriture dans le sol et dans l'air, auraient promptement épuisé le sol si le cultivateur ne lui restituait les principes utiles enlevés par la végétation. Cette restitution est la plus impérieuse des lois qui s'imposent en agriculture ; elle devra être la constante préoccupation du cultivateur parce que l'expérience et le raisonnement montrent qu'une terre ne peut fournir une production continue si on n'y maintient la fertilité par l'apport de nouveaux aliments pour les végétaux.

Nous avons vu (page 24), qu'un amendement n'augmente pas la fertilité du sol, mais qu'il le prépare à subir l'action fertilisante des engrais ; le cultivateur qui voudra employer rationnellement et fructueusement les engrais, devra tout à la fois tenir compte :

1° Des besoins de la terre qu'il veut fumer et par suite de la *quantité* d'engrais qu'elle réclame.

2° Des besoins des plantes qu'il y veut cultiver, et, par conséquent, de la *qualité* des engrais à employer.

3° Des moyens de se procurer la plus grande quantité possible des meilleurs engrais et au prix le moins élevé.

L'alimentation végétale

Les végétaux prennent dans la terre une partie de leur nourriture par leurs racines et le reste dans l'atmosphère par leur tige et leurs feuilles. Il faut qu'ils puisent, à ces deux sources, *quatorze* éléments qui leur sont indispensables, ce sont : l'*azote*, l'*oxygène*, l'*hydrogène*, le *carbone*, l'*acide phosphorique*, la *potasse*, la *chaux*, la *silice*, la *soude*, la *magnésie*, le *soufre*, le *fer*, l'*alumine*, le *manganèse*, etc. Parmi ces éléments,

> l'azote,
> l'acide phosphorique,
> la potasse
> et la chaux

ont une importance exceptionnelle parce que le sol les renferme rarement dans les proportions nécessaires pour assurer de bonnes récoltes successives ; les autres matières minérales, silice, fer, soufre, etc, s'y trouvent, au contraire, en quantité généralement suffisante.

Comment les plantes se nourrissent

1° C'est dans le sol que les plantes vont chercher tous leurs éléments minéraux. Elles lui empruntent, en outre, un corps gazeux que certaines d'entre elles demandent aussi à l'air ; ce corps, sans lequel ne peut exister aucun être organisé, c'est l'*azote*, un des éléments de la matière vivante. (1)

2° Dans l'air, les végétaux puisent, en même temps que l'azote, les autres éléments fondamentaux de leur matière organique : l'*oxygène*, l'*hydrogène* et le *carbone* (ce dernier sous la forme de gaz acide carbonique). (2) L'oxygène et l'hydrogène sont absorbés directement par le végétal qui décompose, au contraire, l'acide

---

(1) Les éléments fondamentaux de la matière organique sont : l'azote, l'oxygène, l'hydrogène et le carbone. On les trouve, chez l'animal ou chez le végétal, dans les proportions suivantes :

Azote, 16 o/o environ.
Oxygène, 22 o/o environ.
Hydrogène, 7 o/o environ.
Carbone, 54 o/o environ.
Avec 1 o/o de soufre et des traces de phosphore.

(2) L'air est composé, en effet, d'un mélange d'azote et d'oxygène, dans la proportion de 1 litre d'oxygène sur 5, pour 4 litres d'azote sur 5 ; il renferme, en outre, $\frac{4}{2.000}$ d'acide carbonique et une quantité variable de vapeur d'eau. C'est dans cette vapeur d'eau que la plante trouvera une partie de son hydrogène.

carbonique sous l'influence de la lumière solaire, et lui prend le carbone qu'il contient, pour se l'assimiler.

Le corps du végétal est donc composé de matière organique associée à des principes minéraux divers.

Si on vient à brûler une plante, une partie des matériaux qui la composent se dégagent et retournent à l'atmosphère sous forme de gaz ou de fumée, ce sont l'*azote*, l'*oxygène*, l'*hydrogène* et le *carbone*, c'est-à-dire les éléments constitutifs de sa *matière organique*. Le reste constitue, sous forme d'une poudre terreuse, les *cendres*, c'est-à-dire l'ensemble des *principes minéraux* contenus dans la plante, ce sont : la *silice*, la *potasse*, l'*acide phosphorique*, la *soude*, la *chaux*, le *fer*, etc. Ces matières n'ont pas été altérées par la combustion. (1) On y constate une grande prédominance des sels de potasse et du phosphate de chaux.

La proportion de matière organique et de cendres varie beaucoup avec les diverses plantes et même avec les différents organes d'une même plante.

Elle est, pour les cendres en particulier, plus grande dans les feuilles et les tiges que dans les racines, et d'une façon générale, cette proportion de cendres atteint 6 o/o du poids total de la plante, préalablement desséchée. D'après M. G. Ville, la composition moyenne des végétaux desséchés serait :

		racines	tig. et feuilles
	Azote	1.6	1.0
Matière	Oxygène	43.4	39.6
organique	Carbone	43.4	46.9
	Hydrogène	5.7	5.3
Cendres	Matières minér.	5.9	7.2
		100.0	100.0

---

(1) La potasse et la soude sont à l'état de carbonates et ce sont ces carbonates qui donnent aux cendres leur propriété de lessive de linge. L'acide phosphorique et la chaux sont à l'état de phosphate de chaux.

*Les engrais fournissent à la plante les éléments
minéraux dont elle se nourrit.*

Les éléments pris dans le sol par les plantes cultivées varient avec ces plantes et, par suite, on devra tenir compte, dans la culture, de la préférence montrée par telle ou telle récolte pour tel ou tel principe minéral. Chaque plante a sa *dominante*, ce qui veut dire qu'elle présente une avidité spéciale pour un quelconque des éléments que nous avons énumérés plus haut. Les engrais que l'on donne à la terre en vue d'obtenir une récolte déterminée, doivent donc être en rapport avec la *dominante* de cette récolte et l'on peut, en se conformant à cette exigence, satisfaire facilement à la loi de restitution. (1)

Ce qui constitue la richesse d'un engrais

Les engrais doivent fournir à la plante les éléments minéraux qu'elle demande et qui peuvent faire défaut dans le sol quand celui-ci a été, plusieurs fois, mis à contribution par le cultivateur. Nous avons vu plus haut que les éléments qui peuvent manquer sont au nombre de quatre (v. p. 41). La richesse d'un engrais dépend donc exclusivement de sa teneur en *azote*, en *acide phosphorique*, en *potasse* et en *chaux*.

*L'azote, l'acide phosphorique, la potasse et la
chaux considérés au point de vue de la
nutrition des végétaux.*

1° L'*azote*, dont l'air renferme quatre cinquièmes de son volume, n'exerce pas d'action directe sur les végétaux et ne leur sert de nourriture que s'il est *fixé* par combinaison avec d'autres corps pour former des (nitrates du commerce) ou de l'ammoniaque

---

(1) Les plantes cultivées qui ont pour dominante l'azote sont le blé, l'orge, le colza, le chanvre, la betterave, etc.
Les plantes cultivées qui ont pour dominante la potasse sont les légumineuses, le lin, les pommes de terre, la vigne, etc.
Les plantes cultivées qui ont pour dominante l'acide phosphorique sont le blé, le navet, etc.
La chaux n'exerce pas d'action prépondérante bien accusée, mais elle est indispensable partout.

par fermentation, c'est-à-dire par décomposition des matières organiques sous l'influence des microbes de l'air que sont les agents de cette décomposition (1).

Lorsque les matières azotées sont en quantité suffisante dans le sol, les plantes végètent largement et prennent une couleur vert foncé. Les engrais riches en azote conviennent à tous les terrains.

2° L'*acide phosphorique* est assimilable par les végétaux sous la forme de phosphate de chaux (acide phosphorique et chaux), il améliore la qualité de toutes les récoltes, surtout celle des céréales et convient à tous les sols.

3° La *potasse* est moins importante dans un engrais que l'azote et le phosphate de chaux parce qu'elle fait plus rarement défaut dans la terre arable, les sols argileux en sont généralement assez pourvus; elle manque dans les sols calcaires et devra y être ajoutée.

4° La *chaux*, que nous avons étudiée plus haut (v. p. 25) est indispensable à cause de ses fonctions multiples; elle convient aux sols argileux, sableux ou humifères.

---

(1) Exemples de fermentation : la transformation du moût de raisin en vin (ferment alcoolique); celle du vin en vinaigre (mère du vinaigre); et, dans le cas particulier qui nous occupe, celle des matières organiques en ammoniaque et en acide carbonique (ferment nitrique).

COURS DE DEUXIÈME ANNÉE.

VITICULTURE
(SUITE)

6° *La greffe*

La *greffe* est le mode de multiplication qui consiste à fixer sur la *tige* d'une plante une portion (*branche ou bourgeon*) d'un autre végétal, de manière qu'elles se soudent ensemble pour former un seul corps.

La plante qui joue le rôle de porte-greffe est appelée *sujet*, elle fournit au *greffon* les matériaux nécessaires à sa subsistance et celui-ci se développe avec tous les caractères du végétal dont il provient.

Le greffage, ses effets

Le greffage, comme les autres procédés de multiplication qui précèdent, assure donc la conservation des propriétés spéciales du greffon ; la nature du sujet n'influe en rien sur ces qualités propres et, dans certains cas, on constate seulement que le greffage a déterminé une augmentation du volume et de la richesse en sucre des fruits.

Sa pratique

1° Une condition indispensable pour le succès de la greffe est que le greffon soit de la même espèce ou tout au moins, du même genre que le sujet.

Ainsi, les essais tentés pour le greffage de la vigne vinifère sur la vigne vierge (Ampelopsis), ou sur des plantes de familles différentes n'ont jamais abouti. [1]

2° Il faut, pour que la greffe réussisse, entretenir une humidité suffisante autour des tissus mis en contact, afin d'en empêcher la dessiccation. En effet, la soudure de la greffe avec le sujet ne s'effectue que par application de leurs couches génératrices (zones cambiales) l'une contre l'autre et les cellules de ces couches, en voie d'accroissement, se dessécheraient sans s'unir, faute de cette précaution. On arrive au résultat cherché en *buttant* la greffe avec de la terre, c'est-à-dire en l'exécutant assez bas sur la tige pour pouvoir la maintenir enfoncée dans le sol.

3° On devra choisir, pour opérer le greffage, une époque où la température est assez élevée pour activer la formation de cellules nouvelles dans les zones génératrices mises en contact. C'est pourquoi l'on choisira généralement le printemps, époque à laquelle la vigne, en plein cours de végétation, possède toute son activité vitale.

4° On prendra, pour servir de greffons, des sarments bien aoûtés et d'un développement moyen.

Cette dernière condition est importante parce que de tels sarments risquent moins de se sécher avant la soudure, ce qui peut se produire, au contraire, avec de trop jeunes sarments, encore herbacés.

Différentes espèces de greffe usitées dans la culture
de la vigne

Les différents procédés de greffage employés pour les plantes à tige ligneuse pourraient, au besoin, s'appliquer à la vigne [1]; mais un seul de ces procédés donne, dans la pratique, de réels résultats, c'est la *greffe en fente*, dont l'exécution se fait aujourd'hui suivant des modes opératoires variés, bien qu'ils se rattachent tous au même type [2].

---

(1) Dans le travail ajouté de M. Daniel sur la greffe [illegible] on trouvera relatés [illegible] les essais permis de [illegible] moyen [illegible] il y a [illegible] greffe [illegible] la vigne sur [illegible] plante, [illegible] toute autre feuille que la sienne, ne donnerait pas un fruit. [illegible]

(2) Greffe en saison, en couronne, par approche, etc.

Ces différentes espèces de greffe sont :

A. La greffe en fente ordinaire,
B.   —   —   pleine,
C.   —   —   anglaise,
D.   —   —   de côté, ou de Cadillac.

La greffe en fente se pratique généralement au printemps, en mars et avril ; ou à l'automne.

A. Pour la *greffe en fente ordinaire*, la plus anciennement employée, on taille le greffon en biseau en lui laissant deux ou trois yeux, *dont un à la base du biseau*, puis on l'introduit dans une fente préalablement faite sur le sujet, en ayant soin de faire coïncider, *non pas les surfaces extérieures, mais les zones génératrices*.

La préparation du sujet se fait d'abord de la façon suivante. On déchausse le pied du porte-greffe presque jusqu'aux premières grosses racines, puis on coupe la tige *en travers* à 3 ou 4 centimètres seulement au-dessus du niveau du sol. Cette coupe peut être faite à la scie, mais doit être *rafraîchie* à la serpette. On fait ensuite, dans la souche, une fente verticale que l'on élargit un peu avec un coin de bois et dont on rafraîchit les deux lèvres en enlevant avec la pointe de la serpette une mince lame de bois de chaque côté.

Le greffon est alors inséré dans la fente, où on peut à volonté le maintenir, ou non, par une ligature ou une application de mastic. Enfin, on recouvre la portion opérée, par une petite butte de terre.

B. *La greffe en fente pleine* ne diffère de la première que parce qu'on choisit le greffon *d'un diamètre égal à celui du sujet*. Il en résulte une plus grande facilité d'exécution, mais la greffe est moins solide. On l'opère de la même manière que la greffe ordinaire en taillant seulement le biseau du greffon sur les deux faces suivant une pente égale et en fendant la souche-porte-greffe complètement par le milieu.

C. *La greffe en fente anglaise* est celle qui donne les résultats les plus satisfaisants ; on l'emploie sur de jeunes sujets avec des greffons de diamètre correspondant. On l'exécute de la façon suivante.

Après avoir déchaussé le pied du sujet comme pour la greffe en fente ordinaire, *on coupe le sujet en biseau au niveau du sol, puis on refend ce biseau verticalement à 2 millimètres au-dessus du milieu de la section.* Le greffon étant préparé de la même façon en sens inverse (1), on le réunit au sujet en faisant engrener les languettes de bois obtenues par la refente. La greffe, bien faite, peut s'abandonner sans ligature ; elle offre cet avantage que la multiplicité des surfaces de contact entre les zones génératrices des deux portions végétales greffées, assure mieux la reprise.

La greffe en fente anglaise, utilisée pour le greffage de nos cépages d'Europe sur pieds américains, se répand de plus en plus et sera, très probablement, le seul mode adopté pour la vigne, dans un temps prochain.

D. On a proposé, sous le nom de *greffe de Cadillac*, une modification de la greffe en fente basée sur ce fait qu'on *laisse la tête du sujet* jusqu'à la soudure parfaite du greffon. On la pratique en fendant le sujet obliquement *sur le côté*, à quelques centimètres au-dessus du sol, puis on insère, dans la fente, le greffon taillé en biseau, avec les précautions ordinaires. On ligature et on coupe le greffon à un *seul œil*, pour diminuer les chances de décollement qui se rencontreraient avec une trop grande longueur. Enfin on butte pour éviter la dessication.

Ce procédé est utilisé avec un grand succès dans le canton de Cadillac (Gironde) et déjà de grandes surfaces de vignobles détruits par le phylloxera, ont été reconstituées par ce mode de greffage.

Le Directeur-Gérant : G. DUBRULLE.

---

(1) Il faut, encore ici, avoir soin de faire partir la section du greffon, de la base d'un œil.

Épernay — Imp. J. DUBREUIL.

COURS D'AGRICULTURE, DE VITICULTURE
ET D'HORTICULTURE

COURS DE PREMIÈRE ANNÉE

AGRICULTURE ET HORTICULTURE
(SUITE)

Engrais complet

On appelle *engrais complet* celui qui renferme tous ensemble les quatre éléments fertilisants que nous venons de voir. Une terre absolument stérile sera toujours rendue fertile si on y introduit, en quantité suffisante, un engrais complet.

Il faut remarquer aussi que, dans ce cas particulier d'une terre de très mauvaise qualité, l'absence d'un des principes de l'engrais complet suffit à empêcher le bon résultat qu'on recherche ; en d'autres termes, si l'engrais employé manque de l'une quelconque des quatre substances essentielles, la végétation restera languissante, malgré la puissance des autres éléments de l'engrais.

Nous verrons que le fumier de ferme, par exemple, est un engrais complet parce qu'il renferme de la matière azotée, de la potasse et du phosphate de chaux.

Nous verrons aussi que l'on fabrique des engrais jouissant des mêmes propriétés, en mélangeant, sous forme de produits chimiques, les quatre éléments efficaces du fumier.

C'est même de là qu'est venue la pratique des engrais chimiques dans la culture et, déjà, vous comprenez que l'engrais chimique complet, n'étant formé que de parties actives, à l'exclusion des autres matières qui les accompagnent dans le fumier, peut avoir sur les plantes une action fertilisante d'autant plus rapide et plus sûre.

Conditions d'assimilabilité : Solubilité, État de division.

Car, d'une façon générale, un engrais vaut d'autant mieux qu'il est plus facilement assimilable, et cette assimilabilité dépend de deux autres conditions : la *solubilité* et *l'état de division* de la matière fertilisante. Or, un engrais composé de matières très solubles (1) comme le sont le plus souvent les engrais chimiques, a une grande valeur parce que les plantes peuvent l'absorber et s'en nourrir aisément. Un engrais composé, au contraire, d'éléments peu solubles, (2) devra être très divisé pour pouvoir être plus rapidement dissous.

Classification des engrais.

On distingue deux catégories d'engrais :

1° Les engrais *organiques*, d'origine animale ou végétale ;

2° Les engrais *chimiques*, d'origine minérale.

1° Engrais organiques

Les engrais organiques se divisent en :

A. Engrais *animaux*, provenant de matières animales en décomposition ;

---

(1) Exemple : Les nitrates du commerce, les sulfates d'ammoniaque, de fer, les superphosphates de chaux, etc.

(2) Exemple : La cornaille, les chiffons de laine, les os, les phosphates minéraux, etc.

B. Engrais *végétaux*, se composant de débris de plantes ;

C. Engrais *mixtes*, qui sont formés par un mélange des deux premiers.

A. *Engrais animaux*

Les engrais animaux sont : ou liquides comme l'urine, le sang, etc ; ou solides comme la chair, les excréments, le guano, la poudrette, etc.

L'urine

L'urine peut s'employer seule comme engrais ; c'est elle, d'ailleurs, qui constitue la partie la plus riche dans le fumier de ferme. Elle contient de 10 à 15 o[o d'azote, (1) des carbonates de potasse de soude et de chaux, etc. On l'emploie pure ou mélangée à 3 ou 4 fois son poids d'eau et, dans ce dernier cas, on en arrose les champs à raison de 100 à 400 hectolitres par hectare. On a proposé de l'utiliser pure pour la culture de la vigne dans les terres calcaires, à la dose de 3 ou 4 litres par cep. Le seul inconvénient qu'elle présente est d'être rare et de n'agir pas au delà d'un an.

Le sang

Le sang, provenant des abattoirs ou des ateliers d'équarrissage, contient 4, 5 o[o d'azote environ. Le plus souvent, on le dessèche pour le rendre plus facilement transportable et, sous forme de poudre, le *sang desséché* s'emploie très fréquemment, seul ou associé à d'autres matières fertilisantes. Il coûte 27 francs les 100 kilogs et renferme, quand il est bien sec, 15 o[o d'azote ; 1, 5 o[o d'acide phosphorique et 0, 4 o[o de potasse.

La chair

La *chair musculaire* des animaux impropres à la boucherie est desséchée, puis pulvérisée. Elle est

---

(1) L'urine de cheval contient 12,5o o[o d'azote.
  —   vache   —   3,8o o[o   —
  —   mouton   —   9,7o o[o   —
  —   porc   —   11,»» o[o   —

employée souvent pour falsifier les guanos. Elle contient 13 o/o d'azote et et 0, 4 o/o d'acide phosphorique.

Pain de creton

On utilise en agriculture, sous le nom de *pain de creton*, les matières membraneuses mêlées de débris de chair, provenant des résidus de la fonte des graisses animales. Cette matière renferme 11 à 12 o/o d'azote, mais elle contient toujours un peu de graisse qui en rend la décomposition dans le sol assez lente.

Engrais de poisson

Les *déchets de poisson* provenant des pêcheries sont riches en azote et en acide phosphorique, mais ils sont peu fréquents. La poudre d'engrais-poisson dose 12 o/o d'azote et 16 o/o de phosphate de chaux.

Les déjections humaines

Les *matières fécales* ou excréments humains constituent une matière fertilisante de grande valeur qu'on emploie soit immédiatement sous le nom d'*engrais flamand*, soit desséchée, désinfectée (1) et réduite en poudre, sous le nom de *poudrette*.

A. Engrais flamand

A l'état frais, les matières de vidange ont une action très énergique qui les rend convenables à tous les sols et à toutes les cultures. 1 hectolitre d'*engrais flamand* correspond à 250 kilogs environ de fumier de ferme. Sa composition est assez variable quant aux éléments fertilisants qu'il contient, mais c'est l'azote qui s'y trouve en plus grande quantité (environ 0, 9 o/o) puis vient l'acide phosphorique (0, 3 o/o) et enfin la potasse pour la plus faible part (0, 2 o/o).

---

(1) On emploie, pour désinfecter les matières fécales 1 kilog de sulfate de fer dissous dans 5 litres d'eau pour 5 mètres cubes de matières. On emploie aussi quelquefois du poussier de charbon ou du plâtre ; le sulfate de fer vaut mieux.

B. La poudrette.

La *poudrette* est un engrais azoté ; elle pèse en moyenne 60 kilogs l'hectolitre et vaut 4 à 5 fr. les 1oo kilogs. Elle renferme 1, 5 o|o d'azote, 3 o|o d'acide phosphorique, 1 o|o de potasse. On l'emploie à raison de 3o hectolitres par hectare, surtout pour la culture des céréales.

Le guano

Le *guano* est formé par les déjections accumulées d'innombrables oiseaux de mer fréquentant depuis un temps immémorial les côtes du Pérou et de la Patagonie ; c'est un des meilleurs engrais azotés. Le guano du Pérou contient 15 o|o d'azote environ, 1o o|o d'acide phosphorique et 2 o|o de potasse. On l'exploite sous forme de poudre sèche d'une couleur jaune pâle, brunissant à l'air. Il est fréquemment falsifié dans le commerce (1) et par suite de valeur variable. Son prix est de 25 à 4o francs les 100 kilogs. On l'emploie, selon sa force depuis 25o jusqu'à 7oo kil. par hectare.

Le bon guano donne d'excellents résultats à raison de 3oo kilogs environ par hectare pour les semailles d'hiver et 2oo kilogs par hectare pour celles de printemps. On l'utilise surtout pour les froments, les colzas, les betteraves.

Le guano ne doit être jamais enterré profondément ; on le répand à la volée ou au semoir et, autant que possible, par un temps couvert.

La colombine, poulaille

On désigne sous les noms de *colombine*, la fiente des pigeons (9 o|o d'azote) ; *poulaille*, celle des autres oiseaux de basse-cour (2 à 3 o|o d'azote). Leur effet est puissant et se rapproche beaucoup de celui du guano.

---

(1) On reconnaît que le guano est de bonne qualité quand, broyé avec de la chaux vive, il dégage une odeur vive de gaz ammoniac.

Les *chiffons de laine*, *L'azotine*

Les *chiffons de laine*, déchiquetés pour être employés comme engrais, sont unanimement reconnus
comme étant de première valeur. 2ooo à 3ooo kilogs
de chiffons de laine par hectare remplacent avantageusement 6o:ooo kilogs de fumier.

Leur prix est de 20 fr. les 1oo kilogs, et leur teneur
en azote peut atteindre 17 o[o.

On a imaginé récemment d'utiliser, pour un double
usage, les chiffons laine et coton, jusqu'ici sans emploi.

On les chauffe dans un vase clos à une température
de 360° ; la laine contenue dans les chiffons noircit et
devient, sans perte d'azote, entièrement soluble dans
l'eau ; le coton, au contraire, reste inaltéré, de sorte
que, par un simple lavage, on le sépare pur et très
propre à la fabrication du papier. Le liquide, tenant
en dissolution la laine, est concentré jusqu'à la consistance de sirop et livré à l'agriculture sous le nom
d'*azotine* qui contient en moyenne 1o o[o d'azote (1).

La cornaille, les déchets de cuir

Les râpures de corne ou *cornaille*, provenant des
fabriques de peignes ou des maréchaleries, sont utilisées dans les mêmes conditions que les chiffons de
laine. La cornaille vaut 8 à 10 fr. les 1oo kilos, et renferme 15 o[o d'azote avec 46 o[o de phosphates de chaux
et de magnésie.

Les *déchets de cuir* sont un engrais du même genre.
Un inconvénient qui leur est commun est la lenteur
de leur décomposition, inconvénient qu'on peut diminuer en divisant les fragments de corne ou les rognures
de cuir en très petits morceaux.

Mais le meilleur moyen est de les décomposer par
leur mélange avec de la chaux vive, ou un séjour
prolongé dans des tas de fumier en fermentation. On
a appliqué à ces matières un procédé analoge à celui

---

(1) Annales agronomiques t. VI. p. 396.

que nous avons signalé pour la transformation des chiffons en azotine ; les vieux cuirs sont ainsi réduits en une matière gélatineuse qui les rend facilement assimilables. Le cuir contient environ 7, 5 o/o d'azote.

Les os broyés

Les *os*, crus ou cuits, provenant des cuisines et des boucheries, sont employés indifféremment et donnent, dans toutes les conditions, les mêmes effets.

Les os crus renferment de 45 à 56 o/o de phosphates de chaux et de magnésie, environ 40 o/o de matière organique azotée, 4 à 5 o/o de carbonate de chaux et 3 o/o de sels de potasse et de soude. Dans les os cuits, dégraissés, la proportion d'azote est d'environ 5 o/o, celle de l'acide phosphorique 21 o/o, avec 36 o/o de chaux. Il est indispensable de broyer les os avant de les employer, pour en faciliter la décomposition.

On emploie les os à raison de 3 à 400 kilogs par hectare, principalement pour les terres sableuses.

Cendres d'os

On trouve, dans le commerce, sous le nom de *cendres d'os*, des matières phosphatées résultant de la calcination, à l'air libre, des os de ruminants qui sont accumulés dans les pampas de l'Amérique du Sud. Les cendres d'os contiennent près de 80 o/o de phosphates et 3 o/o de matières organiques azotées.

Phospho-guano

En mélangeant le guano avec de la poudre d'os ou d'autres matières phosphatées, on fabrique ce qu'on appelle le *phospho-guano*, contenant de 30 à 80 o/o de phosphates et 3 à 45 o/o d'azote.

Le noir animal

Le *noir animal*, provenant des sucreries où il a servi à clarifier le sucre, n'est autre chose que du charbon d'os obtenu en cuisant, dans un vase clos, des os dégraissés et concassés. Il dose de 25 à 30 o/o d'acide phosphorique, 45 o/o de chaux et 1,5 à 3 o/o d'azote.

On l'emploie réduit en poudre fine, et il est d'un excellent effet dans les terres incultes, nouvellement défrichées, où on l'utilise avantageusement à raison de 400 à 500 kilogs par hectare. Dans ces proportions, il permet d'obtenir, dès la première année, une bonne récolte de seigle ou d'avoine tandis qu'aucun autre engrais pulvérulent, employé dans le même but, ne donnerait un semblable résultat.

On emploie encore le noir animal au moment des semailles pour faire subir aux graines l'opération désignée sous le nom de *pralinage*.

Pralinage

On fait dissoudre dans 4 litres d'eau, 2 kilogs d'azotate de soude (nitrate du commerce). On arrose de ce liquide 1 hectolitre de grain et on y mélange ensuite environ 400 kilogs de noir animal en poudre et préalablement humecté. Le grain, imbibé de la solution de nitrate de soude est introduit à la pelle dans le noir auquel on le mélange avec soin.

L'opération est terminée quand tout le noir animal s'est attaché aux grains et quand ceux-ci représentent alors de véritables pralines dont le volume est trois fois égal à celui du grain.

TABLEAU RÉCAPITULATIF

A. Engrais animaux	Teneur 0/0 en :			
	Azote	Acide phosphoriq.	Potasse	Chaux
Urine..............	10 à 15	»	»	»
Sang desséché....	15	1,5	0,4	»
Chair musculaire..	13	0,4	»	»
Pain de creton....	11 à 12	»	»	»
Engrais poisson...	12	5 à 6	»	8 à 10
Matières de vidange	0,9	o,3	0.2	»
Poudrette..........	1,5	3	1	»
Guano.............	15	10	2	»
Colombine........	9	»	»	»
Poulaille..........	2 à 3	»	»	».
Chiffons de laine..	15 à 17	»	»	»
Azotine............	10	»	»	»
Cornaille..........	15	20	»	26
Déchets de cuir...	7,5	»	»	»
Os broyés.........	5	21	»	30
Cendres d'os......	1 à 2	30 à 35	»	40 à 45
Phospho-guano...	3 à 15	30 à 35	»	40 à 45
Noir animal.......	1,5	25 à 30	»	45

VITICULTURE

(SUITE)

CRÉATION D'UN VIGNOBLE

Travaux de préparation du sol

Quand on se propose de consacrer à la culture de la vigne un terrain dont la nature et l'exposition peuvent lui être convenables, on doit soumettre ce sol à des travaux préparatoires pour assurer à la vigne les meilleures conditions possibles de végétation. Elle demande, en effet, un sol arable assez profond pour que ses racines y trouvent, à la saison chaude, la fraîcheur nécessaire et l'humidité indispensable ; et assez meuble pour faciliter l'égouttement de l'eau en excès.

On soumet, le plus souvent, le terrain qu'on a choisi à une culture de plantes sarclées (pommes de terre ou racines fourragères) pendant un an, puis, à la suite de cette culture, on défonce le sol à la bêche. Ce défoncement se fait dans le Midi, jusqu'à 60 et 80 centimètres de profondeur ; en Champagne et dans l'Yonne, on se borne souvent à un simple labour de 30 centimètres de profondeur.

Fumure

Lorsque le sol où l'on va faire la plantation n'est pas exceptionnellement fertile, il est bon de le *fumer* par l'introduction de 60.000 kilogs environ de fumier de ferme par hectare ou par leur équivalent en engrais du commerce. On donnera la préférence aux engrais de décomposition lente (cornaille, marcs, etc). On répartira avec soin les matières fertilisantes dans la majeure partie de la couche labourée, sans les enfouir pourtant à une trop grande profondeur puisque les jeunes racines n'arriveront pas tout d'abord dans ces couches profondes, et parce que les eaux de pluie y entraîneront suffisamment les éléments solubles des engrais.

Plantation

La disposition des jeunes plants dans le vignoble se fait, en Champagne, suivant le mode dit *en foule*, c'est-à-dire qu'on dispose d'abord les plants en lignes, dans des fosses où l'on étale les racines en les recouvrant de la meilleure terre de la surface, réservée à cet effet ; mais les provignages successifs dérangent bientôt cette première ordonnance.

Le nombre des fosses creusées pour la plantation est, au début, moindre que celui des ceps qui occupperont ensuite le sol, et c'est l'assizelage (v. p. 32) qui vient compléter la plantation quand les ceps ont acquis un développement suffisant. A ce moment, le vignoble peut présenter jusqu'à soixante mille ceps à l'hectare.

Soins à donner aux jeunes plantations

Les soins à donner aux jeunes plants, pendant la première année, sont de nombreuses *façons* on labours destinés au nettoyage du sol et au maintien de la fraîcheur nécessaire. Ces façons s'exécutent avec la houe qui permet de passer entre les pieds de vigne ; on évite ainsi d'ébranler les jeunes plants qui commencent à s'enraciner. Au bout d'un an, on remplace les pieds manquants ou chétifs au moyen de boutures ou de plants enracinés puis on commence *la taille*, que nous étudierons plus loin (v. p. 61).

Opérations à effectuer sur le sol où sont cultivées les vignes

Labours, binages.

La vigne réclame au moins trois façons par an, quelquefois quatre. Le premier labour, dit *béchage*, se fait à la fin de l'hiver, à 15 ou 20 centimètres de profondeur ; il a pour but de laisser pénétrer l'air et l'eau jusqu'aux racines. La seconde façon, plus superficielle, n'est qu'un simple *binage*, elle se donne au printemps et porte, en Champagne, le nom de *labourage au bourgeon*, parce qu'elle facilite la sortie des bourgeons nés à la base des sarments et plus ou moins recouverts de terre par le béchage. La troisième et la quatrième façons sont appelées *sarclages*, elles se font quand la vigne a passé fleur, vers la mijuin, et enfin quand la maturité approche.

Travaux de provignage

Pour provigner, on déchausse le pied des ceps sur un rayon de 50 à 60 centimètres, à la profondeur de 15 à 20 centimètres. Cette opération s'exécute au moment du *béchage*, c'est-à-dire en mars et par couchage de la souche entière (*assizelage*), comme nous l'avons dit plus haut (v. p. 32) Les sarments vigoureux, réservés à la taille pour les provins, sont maintenus au fond de la fosse au moyen de crochets et leur extrémité, relevée hors de terre, est coupée de façon à former une *broche* de deux ou trois yeux seulement. Ce procédé permet d'obtenir plusieurs provins d'un n même pied-mère et de remplir les vides qui se produisent dans le vignoble.

LA TAILLE DE LA VIGNE

Principes généraux de la taille

La *taille* est la plus importante des opérations que comporte la culture de la vigne. Les principes généraux de la taille rationnelle sont basés sur les faits botaniques suivants :

1° Un végétal donne d'autant plus de fleurs et de fruits qu'il est dans de moins bonnes conditions de développement.

2° Un végétal se développe d'autant mieux qu'il est muni de plus de rameaux et de feuilles.

3° Les blessures, les déformations, les étranglements ou la torsion infligés aux rameaux diminuent l'activité de leur végétation.

Cela posé, et la vigne ne produisant de fruits que sur le jeune bois qui naît chaque année de *l'œil* ou bourgeon, la taille doit avoir pour but de mettre les sarments qui porteront les fruits, dans les conditions les plus convenables pour assurer le maximum de production des fruits. Dans ce but, on supprime, chaque année, une grande partie du bois de l'année précédente et on raccourcit notablement les sarments que l'on conserve.

Taille courte et taille longue

La taille est dite *courte* ou *longue* suivant qu'on coupe les rameaux à 2, 3 ou bien à un plus grand nombre d'yeux.

On donne aux bourgeons de la vigne le nom particulier de *bourres*, à cause du duvet roux, laineux, dont ils sont enveloppés pour passer l'hiver. Quand on ne taille pas une vigne, toutes les bourres donnent chacune leur sarment, et, le cep ayant trop de rameaux à nourrir, il en résulte que la plupart des fleurs *coulent* sans donner de fruits.

Lorsqu'au contraire on taille une vigne, on laisse seulement au cep le nombre de rameaux qu'il peut porter, et à chacun de ces rameaux le nombre d'yeux qu'il pourra nourrir, selon sa force.

Le cep ne portera donc que de jeunes sarments, les seuls qui donneront des fruits, et ces sarments sont supportés par les branches plus ou moins anciennes, dites *coursons*, qu'on a taillées d'après les principes que nous avons vus plus haut.

On doit tailler court ou long, laisser à chaque cep plus ou moins de coursons, et à ceux-ci plus ou moins de bourres selon les aptitudes spéciales que présentent les cépages de chaque vignoble ; les uns, par exemple, ont leurs bourres à fruits surtout près de la base du sarment, on leur appliquera la taille courte ; d'autres, au contraire, donnent des fruits par les bourres des extrémités de leurs rameaux et alors il faudra les tailler plus long ; d'autres encore émettant des sarments à fruits à tous leurs bourgeons, on pourra adopter pour eux l'un ou l'autre des modes de taille.

Quoi qu'il en soit, on a constaté que la taille longue donne toujours plus de produits, mais des fruits moins gros que la taille courte.

Pratique de la taille

Dans les régions où les hivers sont rudes, il peut y avoir inconvénient à tailler la vigne avant l'hiver, parce que les fortes gelées peuvent atteindre le bois avant que les plaies faites par la serpe ne soient séchées, faire éclater ce bois et en déterminer la pourriture.

Dans le Midi où l'on n'a pas à redouter les grands froids, on peut tailler dès que l'aoûtement est complet;

c'est-à-dire dès la chute des feuilles, tandis qu'on devra dans nos contrées tailler plus tardivement.

Le procédé opératoire que l'on doit adopter pour la taille est celui qui consiste à trancher le sarment *dans le nœud* placé immédiatement au-dessus du dernier œil que l'on veut conserver (1).

La section doit être faite de façon à garder, dans le tronçon, la cloison qui est dans ce nœud ; cette cloison constitue une sorte de couvercle qui, fermant le sommet du tronçon, protège le bois contre la pénétration de l'humidité et par suite de la pourriture. On doit, en même temps, supprimer le bourgeon qui se trouve sur le nœud où l'on opère la section puisqu'on ne le compte pas dans les yeux à conserver.

L'outil qui convient le mieux pour la taille est la *serpe*, préférable au *sécateur* qui, s'il est plus commode à manier, a le défaut d'écraser l'écorce sur laquelle s'appuie son crochet. Il faut, quand on emploie le sécateur, avoir soin de toujours placer le crochet sur la partie du bois qui doit tomber, c'est-à-dire *en dessus*, de sorte que la région écrasée se trouve éliminée après la coupe.

Ebourgeonnement ou épamprage.

Pincement. Rognage

En été, les sarments qui s'allongent trop aux dépens du grossissement du fruit, doivent être plus ou moins raccourcis pour concentrer les matériaux de réserve contenus dans la plante, sur les rameaux utiles. Cette opération est dite *ébourgeonnement*, ou mieux *épamprage* (2).

Peu de temps avant la floraison, on a coutume,

---

(1) Toute autre manière doit-être condamnée comme causant des blessures inutiles, portes ouvertes à l'eau et à la carie.

(2) Puisque ce ne sont pas les bourgeons, mais les pampres ou rameaux que l'on abat.

d'ailleurs, de supprimer 1 ou 2 centimètres de l'extrémité des jeunes rameaux à fruit pour diminuer les
chances de coulure en concentrant sur les fleurs les
éléments nutritifs appelés dans les rameaux. C'est le
pincement qui, répété dans le courant de l'été pour favoriser le développement des grains sur ces mêmes
rameaux, prend alors le nom de *rognage*.

L'incision annulaire

L'incision annulaire est une opération qui consiste
à enlever *à la base* des rameaux à fruits, au moment
de la floraison, un anneau d'écorce étroit de 5 millimètres environ. Cette incision se fait à la serpe ou
mieux avec un outil spécial en forme de pince coupante
et appelé *coupe-sève*.

L'incision annulaire a pour résultat: 1° des ralentir
l'allongement du rameau dans la portion située au-dessus
de l'incision et d'amener une accumulation de matières
nutritives dans cette portion qui grossit davantage;
2° de rendre les fleurs plus résistantes à la coulure;
3° d'augmenter notablement le volume et la richesse
en sucre des fruits.

Mais, en revanche, l'incision annulaire fatigue la
vigne par l'excès de production qu'elle détermine et
elle expose les rameaux à se rompre, sous l'action des
grands vents, au niveau où leur écorce se trouve
interrompue.

Le Directeur-Gérant : G. DUBRULLE.

Épernay. — Imp. J. DUBREUIL.

COURS D'AGRICULTURE, DE VITICULTURE
ET D'HORTICULTURE

—

AGRICULTURE ET HORTICULTURE
(SUITE)

B. Engrais végétaux

Les engrais d'origine végétale sont : les engrais verts, les varechs ou goëmons (plantes marines), les tourteaux, les marcs, la tourbe, les pulpes et résidus de sucrerie, de brasserie ou de distillerie ; les débris végétaux de toute sorte, tan, feuilles mortes, balles de céréales, etc.

Les Engrais verts, la sidération

On entend par *engrais verts* les plantes que l'on enfouit dans le sol par un labour profond, à l'époque de leur floraison. Certaines plantes comme le trèfle, le lupin, le colza (1), etc., au moins pendant leur pre-

---

(1) Le colza enfoui vert a la propriété de détruire les larves de hanneton (vers blancs).

mier développement, puisent dans l'air (v. page 41) le majeure partie de leur nourriture et, en particulier, la presque totalité de leur azote. Si donc on enterre ces plantes avant qu'elles aient donné des fleurs, elles restituent d'abord au sol les éléments qu'elles lui ont enlevés et lui apportent, en outre, l'azote qu'elles ont pris à l'atmosphère.

Cette pratique de l'enfouissement des plantes vertes a reçu le nom de *sidération*. Depuis quelques années, on lui adjoint des matières fertilisantes complémentaires (engrais chimiques phosphatés et potassiques).

La sidération se pratique avec avantage dans les terres légères ou crayeuses auxquelles elle procure une certaine fraîcheur en été ; elle a une grande valeur quand on la fait suivre d'une culture de céréales, puisque la dominante de ces dernières plantes est l'azote. (1).

Les varechs

Les *varechs* ou *goëmons* sont des plantes marines. On les emploie verts ou après les avoir desséchés à l'air. Ils constituent un engrais excellent pour les sols calcaires ou siliceux et, à raison de 5 ou 6000 kilogs à l'hectare, ils remplacent avantageusement le fumier de ferme. Le varech est, en effet, plus riche en azote que le fumier ; il dose de 1 à 2 $\%$ d'azote tandis que le bon fumier en contient au plus 0, 6 $\%$.

La fumure au varech se pratique principalement sur les bords de la mer ; on l'emploie dans le Nord, en Normandie, en Bretagne, etc., pour la culture des betteraves, des pommes de terre, etc ; dans le Midi, elle constitue une grande ressource pour la culture de la vigne ; les vins muscats de Frontignan (Hérault) proviennent de vignobles le plus souvent fumés de cette façon.

---

(1) Ainsi, on peut semer du trèfle avec le blé ou l'avoine ; après la moisson, laisser croître le trèfle jusqu'à en faire une coupe ; l'enfouir ensuite quand il a repris sa croissance et trouver alors, dans cette culture dérobée de trèfle, le triple bénéfice d'une récolte de céréale, d'une coupe de trèfle et d'une fumure.

Les tourteaux

Les *tourteaux* sont les résidus des graines oléagineuses dont on a extrait l'huile par la pression. Les principales espèces sont les tourteaux de lin, de colza, de sésame, d'arachide, d'œillette, etc. On les emploie comme engrais ou pour la nourriture des bestiaux. Ils constituent une matière fertilisante très active, riche en azote et en phosphate de chaux, qu'on utilise après l'avoir réduite en poudre ou délayée dans l'eau. Les tourteaux conviennent surtout aux terres légères ; on les répand à raison de 700 à 1000 kilogs par hectare, dix ou douze jours avant les semailles, pour la culture des céréales et des plantes à graines oléagineuses ; pour la vigne, on les emploie à raison de 2000 kilogs par hectare et par an. (1) Ils contiennent, en moyenne. 5 à 7 °/₀ d'azote, 2, 5 d'acide phosphorique et 1 à 2 °/₀ de potasse. On les trouve facilement dans le commerce au prix de 12 à 15 fr. les 100 kilogs (sauf les tourteaux de lin qui valent de 20 à 25 fr.)

Les marcs

Les *marcs* de raisins, de pommes, d'olives, etc, formés par la masse solide qu'on retire du pressoir après l'extraction du moût ou de l'huile, s'emploient comme engrais après avoir été mélangés avec de la chaux qui combat leur acidité, ou bien on les introduit dans les composts. (2) Les marcs de raisins renferment 1,71 o/o d'azote et 0,50 o/o de potasse.

La tourbe

La *tourbe* est le produit de la décomposition, sous l'eau, de grandes masses de plantes palustres. On l'exploite dans les anciens marais desséchés pour l'employer comme combustible, (notamment en Picardie),

---

(1) Il est bon, dans ce dernier cas, d'y adjoindre 4 à 500 kilogs de sels de potasse. (Chlorure de potassium ou sulfate de potasse).

(2) Voir plus loin aux engrais mixtes.

ou comme litière pour les bestiaux, ou encore comme engrais. Dans ce dernier cas, on la laisse sécher, puis on l'arrose de purin et on la mélange avec 5 o/o de chaux pour lui enlever son acidité particulière (v. p. 20, note).

Elle convient aux terres légères ou calcaires. Les cendres provenant de sa calcination produisent de bons effets sur les prairies artificielles (trèfles).

Les pulpes et résidus de sucrerie, de distillerie, etc.

Les *pulpes et cossettes* de betteraves, les *écumes de défécation* provenant des sucreries ; les *houblons et malts* des brasseries ; les *dépôts de vinasse* de distillerie ; les *résidus* de pommes de terre des féculeries, etc ; constituent des engrais dont la valeur varie avec leur nature et leur origine, mais n'est pas à négliger.

Le tan, les feuilles mortes, les balles de céréales

En général, tous les débris végétaux, tels que *le tan* hors d'usage, provenant des tanneries, les *feuilles mortes*, les *balles de blé ou d'avoine* restant après le battage, sont riches en matière organique et peuvent être employés comme litière ou directement comme engrais. On les fait aussi entrer dans la confection des composts.

TABLEAU RÉCAPITULATIF

B. Engrais végétaux	Teneur 0/0 en :			
	Azote	Acide phosphoriq.	Potasse	Chaux
Engrais verts, colza	0,5	0,1	0,4	0,3
Engrais verts, trèfle	1,5	0,5	1	1
Varechs..........	1,5 à 2	»	»	»
Tourteaux..........	5 à 7	2,5	1 à 2	»
Marcs de raisin....	1,71	»	0,5	»
Feuilles mortes.....	0,5	»	»	»
Balles de blé......	0,7	0,4	0.8	0,1
Balles d'avoine....	0,5	0,5	0,5	0,3

C. Engrais mixtes

Les principaux types d'engrais mixtes, constitués par un mélange de matières organiques animales et végétales, sont : le fumier d'étable ou d'écurie, les gadoues ou boues de ville, les composts ou magasins.

Le fumier de ferme

Le *fumier* de ferme est formé par le mélange des déjections solides et liquides des animaux domestiques, avec leur litière et des débris de fourrage.

Importance de cet engrais

Le fumier est un *engrais complet* parce qu'il contient tous les éléments essentiels à la nutrition des végétaux ; il entre rapidement en fermentation et donne naissance à des produits gazeux, ammoniacaux, c'est-à-dire à base d'azote, tirant leur origine de la décomposition des matières organiques. Incorporé au sol, il se transforme d'abord en *humus*, qui par décomposition plus lente, se convertit ensuite en éléments assimilables pour la plante. Or, nous savons que la présence de l'humus donne en outre du corps aux terres légères, ameublit les terres trop fortes et maintient la fraîcheur et les bonnes conditions physiques du sol ; le fumier est donc un agent de la plus haute importance comme producteur d'humus.

Fumier pailleux, fumier fait, fumiers chauds, fumiers froids

On appelle fumier *pailleux* celui qui, recueilli récemment, n'a subi qu'un commencement de fermentation et renferme de longues pailles ; on désigne sous le nom de fumier *fait* ou *beurre noir*, celui dont la décomposition est avancée. Certains fumiers entrant rapidement en fermentation sont dits *fumiers chauds*, ils agissent promptement et avec énergie : tels sont les fumiers du cheval et du mouton ; les fumiers du bœuf et du porc, au contraire, agissent plus lentement et ont une moindre activité, ce sont des *fumiers froids*.

Les fumiers chauds conviennent surtout aux terres argileuses, humides et froides ; en particulier, le fumier de cheval, à l'état pailleux, joue en même temps que le rôle d'engrais, celui d'amendemeut pour ameublir ces terres fortes. Les fumiers froids sont employés avec avantage dans les terres légéres et sèches.

Les parties constituantes du fumier : déjections et litières

La constitution du fumier de ferme est éminemment variable avec les déjections, c'est-à-dire avec l'alimentation du bétail qui le produit et avec la nature des *litières* ; sa *quantité* et sa *qualité* dépendent exclusivement de l'abondance et de la nature de ces éléments.

A. Déjections. Leur richesse comparée

Les *déjections solides* ou excréments, contiennent des principes organiques et minéraux en quantité d'autant plus grande que la nourriture des animaux est plus substantielle, mais ce sont les *déjections liquides*, c'est-à-dire les urines, qui renferment le plus de ces éléments fertilisants.

La richesse en azote des déjections solides et liquides des divers animaux domestiques producteurs de fumier est :

	Teneur 0/0 en azote	
Pour :	du crottin sec	de l'urine
Le cheval...............	2,21	12,50
La vache	2,30	3,80
Le mouton...............	1,70	9,70
Le porc...............	4,40	11,00

Aussi, verrons-nous plus loin (1) que, d'animal à animal, de ferme à ferme, la composition chimique du fumier peut changer dans une très grande mesure ; elle présente le désavantage de n'être pas constante.

B. *Litières. Leur rôle. Substances diverses utilisables comme litières*

Les *litières* sont les pailles qu'on étend sur le sol des écuries ou des étables pour donner aux animaux un coucher agréable et aussi pour absorber, en grande partie, les urines. On y emploie, le plus souvent, les *pailles de céréales*, mais, à leur défaut, on peut utiliser les *fanes de pomme de terre, de colza, de pavot, la tourbe séchée, les roseaux, les genêts, la sciure de bois, la terre sèche,* ou encore *les bruyères, les fougères, les mousses, les feuilles d'arbres,* etc ; en un mot toutes les substances capables d'absorber les déjections liquides et de se décomposer, par fermentation, pour donner un engrais.

---

(1) V. à composition chimique du fumier de ferme.

Litières pailleuses. Leur richesse comparée.

La *paille*, est l'élément le plus fréquemment employé, elle constitue la meilleure litière parce qu'elle renferme un grand nombre de principes utiles à la végétation et parce que ses tiges creuses absorbent facilement l'urine des animaux. La richesse comparée des diverses pailles est :

	Teneur 0/0 en :			
	Azote	Acide phosphoriq.	Potasse	Chaux
Paille de blé.........	0,2	0,2	0,8	0,2
» seigle.......	0,2	0,1	0,7	0,3
» orge........	0,4	0,1	0,9	0,3
» avoine......	0,4	0,1	0,9	0,3
» colza	0,3	0,2	1,1	1,1
» pavot.......	0,5	0.2	2,5	1,9
Fanes de pom. de terre	0,6	0,1	0,2	0,5

Quantité de litière à employer pour les litières pailleuses.

La quantité de litière doit être proportionnée à la quantité de déjections qu'elle doit absorber ; elle doit, en outre, augmenter ou diminuer suivant que le bétail demande à être tenu plus chaudement l'hiver, plus fraîchement l'été, et toujours propre.

On estime qu'il faut, pour les litières pailleuses :
2 à 3 kilogs de paille par jour pour 1 cheval de ferme.
2 à 4   »   »   »   1 bœuf de travail.
  5   »   »   »   1 bœuf à l'engrais.
3 à 5 »   »   »   1 vache à l'étable.
  1   »   »   »   5 moutons.

Séjour du fumier dans l'écurie ou l'étable.

La litière doit être naturellement plus abondante quand le bétail reste à l'étable d'une façon permanente. En général, le fumier ne doit pas séjourner plus de huit jours dans les écuries de chevaux ; plus de douze jours dans les étables à bœufs ou vaches ; plus de un mois et demi ou deux mois dans les bergeries.

VITICULTURE

(SUITE)

CRÉATION D'UN VIGNOBLE

Les engrais applicables à la culture de la vigne.

La vigne a pour dominante la potasse

La vigne a besoin d'azote, d'acide phosphorique et de chaux pour constituer son bois; ces trois éléments lui assurent une végétation vigoureuse, c'est-à-dire favorisent largement la production des rameaux et des feuilles, mais ils ne lui donnent pas ce que nous demandons surtout à la vigne : le sucre dans les fruits, et, par suite, l'alcool dans le vin.

C'est au quatrième élément, la *potasse*, qu'est dû le développement du principe sucré et, chez la vigne, le besoin de potasse se fait sentir seulement, mais impérieusement, à l'époque de la fructification.

Il résulte, de nombreuses expériences, que la vigne enlève au sol, par hectolitre de vin produit, environ :

197 grammes de potasse,
176   —   d'azote,
60   —   d'acide phosphorique ;

et qu'on peut évaluer la consommation annuelle d'un cep en pleine végétation à environ :

3 grammes de potasse,
8   —   d'azote,
2   —   d'acide phosphorique.

(Nous ne tenons pas compte de la chaux qui prédomine dans la formation des rameaux et des feuilles, parceque nous envisageons seulement ici la production du fruit ; mais nous ne devons pas oublier que la vigne ne prospérerait pas dans un sol complètement dépourvu de calcaire.)

Puisque le rôle actif appartient à la potasse pour la formation du sucre de raisin et puisque le but que l'on cherchera surtout est d'augmenter, autant que possible, la richesse saccharine du fruit, on emploiera de préférence, pour la vigne, les engrais dont la potasse est facilement assimilable.

Le choix de ces engrais dépend évidemment de la richesse propre du sol, des éléments fertilisants apportés par les fumures antérieures et aussi de l'état de végétation de la vigne.

Ce sont là trois points qu'il faudra toujours examiner soigneusement avant d'appliquer, à tel ou tel vignoble, telle ou telle sorte d'engrais, organique ou chimique.

Différentes sortes d'engrais employés en viticulture

Les matières fertilisantes les plus diverses ont été utilisées en viticulture : cornaille, chiffons de laine, tourteaux, fumiers de toute nature, composts, etc. Nous avons étudié ces engrais à un point de vue général dans le cours d'Agriculture (v. p. 50 et suiv.), et nous nous bornerons à citer ici ceux que l'on adopte le plus généralement dans notre culture spéciale. Ainsi :

1° *Engrais organiques*

Parmi les engrais organiques on emploie :

A. Le *fumier de ferme*, engrais complet, à raison de 2o à 30.000 kilogs par hectare, tous les 3 ou 4 ans. Il est bon d'enfouir le fumier à l'état *pailleux*, dans les terres fortes qu'il contribue à ameublir, et, au contraire, à l'état *fait*, dans les terres légères et surtout dans les sols calcaires.

B. Les *tourteaux*, riches en azote et en acide phosphorique, à raison de 100 à 200 kilogs par hectare et par an. On peut leur adjoindre, en raison de leur faible teneur en potasse, 400 à 500 kilogs de sels de potasse (chlorure de potassium ou sulfate de potasse,)

C. *Les marcs de raisin*, qui renferment surtout de l'azote et de la potasse et qu'on mélangera avec de la chaux pour corriger leur acidité ou bien avec des cendres ou charrées qui leur ajouteront du phosphate de chaux.

D. *Les composts ou magasins*, dont la composition et la valeur sont très variables (1).

2° *Engrais commerciaux*

Les engrais chimiques s'emploient seuls ou comme compléments des engrais organiques.

Nous avons dit plus haut que les conditions dans lesquelles on appliquera les engrais à la vigne, doivent être en rapport avec la nature du sol, l'état de la végétation et les travaux de culture antérieurement subis par le vignoble ; c'est-à-dire que ces conditions varieront

---

(1) Un procédé voisin de celui des magasins est le *terrage*, employé dans les vignobles à vins fins où l'on recherche moins la grande quantité que la qualité des produits. Il consiste à reporter dans les vignes, les terres entraînées au bas des côteaux, ou même des terres de jardins ou prairies. Ces terres sont riches en matières minérales et en azote ; elles sont donc fertilisantes. Mais aussi, quel labeur que de les remonter, à dos d'homme, à la hotte, sur les côteaux !

d'une région à une autre, et même d'un terrain à un autre ; il n'est donc pas possible d'établir une formule d'engrais applicable indifféremment aux divers sols de nos vignobles.

Pourtant, les compositions suivantes ont été indiquées comme pouvant donner d'avantageux résultats :

A. Engrais complet(1)
- Sulfate de potasse...... 150 kil.
- Chlorure de potassium.. 50 —
- Superphosphate de chaux 400 —
- Sulfate de fer.......... 300 —
- 900 kilogs par hectare

Si la vigne est faible en bois, on y ajoute 400 kilogs de sang desséché et, si la végétation est languissante par suite des attaques du mildew (2), 100 kilogs de nitrate de soude. Enfin, si le sol est argileux, pas assez calcaire, on pourra ajouter encore 400 kilogs de plâtre (sulfate de chaux).

B. Engrais complet (3)
- Nitrate de potasse....... 300 kilogs
- Superphosphate de chaux. 400 —
- Sulfate de chaux........ 300 —
- 1.000 kilogs par hectare.

---

(1) Engrais complet n° 2. Doutté. M. Doutté ayant basé cette formule d'engrais sur la quantité moyenne d'éléments enlevés au sol par la récolte, fait remarquer judicieusement qu'elle ne peut être d'une efficacité universelle, pour les raisons que nous venons de voir (richesse propre du sol, état de végétation, etc.)

(2) Champignon microscopique, parasite de la vigne (v. plus loin aux maladies et parasites de la vigne).

(3) Engrais complet n° 3 Georges Ville.

$$
\text{C. Engrais incomplet (1)}\begin{cases}
\text{Carbonate de potasse à} & \\
\text{90 o/o de potasse....} & \text{400 kilogs} \\
\text{Superphosphate de chaux} & \\
\text{à 15 o/o d'acide phosp.} & \text{200 —} \\
\text{Sulfate de chaux (plâtre} & \\
\text{cru ou cuit.)........} & \text{400 —} \\
\end{cases}
$$

1.000 kilogs
à l'hectare.

Enfin, la formule suivante a été fondée sur l'emploi des engrais chimiques comme complément du fumier de ferme :

$$
\text{D. Engrais complet (2)}\begin{cases}
\text{Fumier de ferme ou de mou-} & \\
\text{ton, une fois tous les deux} & \\
\text{ou trois ans..........} & \text{30.000 kil.} \\
\text{Nitrate de soude........} & \text{100 —} \\
\text{Superphosphate de chaux} & \\
\text{à 15 o/o d'acide phosp.} & \text{500 —} \\
\text{Sulfate de potasse......} & \text{50 —} \\
\end{cases}
$$

Elle présente l'élément fertilisant *azote* sous la forme organique (fumier), en même temps que sous la forme chimique (nitrate).

Elle l'introduit donc dans le sol de telle façon qu'il se trouve successivement absorbable par la plante à mesure de ses besoins ; le nitrate, immédiatement soluble, est à la disposition de la plante dès son application ; le fumier, au contraire, se décomposant lente-

---

(1) Engrais incomplet 6. K. Georges Ville. M. Georges Ville supprime dans cette formule l'élément azote, parce qu'il estime que la vigne peut emprunter à l'air, par ses feuilles, tout l'azote qui lui est nécessaire. C'est avec cet engrais incomplet 6 K. qu'a été obtenu, au *champ d'expériences de Vincennes*, le rendement de 20,000 kilogs de raisin à l'hectare, soit 180 hectolitres de vin à l'hectare.

(2) Dans cette dernière formule, le fumier de ferme peut être remplacé, au besoin, par des tourteaux.

ment, lui fournit son azote pendant toute la durée de la végétation. (1)

Epoque à laquelle il faut appliquer les engrais à la vigne

L'époque la plus convenable à l'application des engrais est la fin de l'hiver (janvier, février ou mars) pour les plus solubles. Pour les matières fertilisantes à décomposition lente, on pourra adopter une époque moins tardive (novembre ou décembre). On a même conseillé, dans l'emploi des engrais chimiques, l'application d'une partie de l'engrais, à l'automne, pour faciliter l'aoûtement.

Inconvénients de l'emploi des engrais à odeur forte, quand cette odeur persiste jusqu'à la vendange

Le raisin, comme le vin d'ailleurs, a la faculté particulière d'absorber très facilement les odeurs.

On a remarqué, depuis longtemps, que le voisinage d'industries à émanations désagréables, comme les fabriques de produits chimiques ou d'engrais artificiels, gâtait le vin récolté aux environs. Des expériences absolument probantes, ont montré que le raisin s'imprègne merveilleusement des parfums (2) comme des mauvaises odeurs et qu'il en conserve les traces jusqu'à les communiquer au vin. L'emploi des engrais odorants, comme le fumier de ferme frais, par exemple, peut donc porter préjudice au goût du fruit et, par suite, à la saveur du vin, si on n'a eu soin d'employer ces engrais à l'automne, après la vendange, pour qu'ils aient terminé leur décomposition à l'époque du fruit.

La vigne peut, en outre, absorber par ses racines,

______

(1) Au surplus, ce fumier introduit dans le sol de l'humus (v. p. 69) ce qui a sa valeur pour les sols calcaires, par exemple.

(2) Des grappes de raisin placées au voisinage de plantes à odeur pénétrante, comme la lavande, en ont pris le parfum et le goût.

des saveurs désagréables; on a reproché, par exemple, aux râpures de corne d'influer désagréablement sur le goût du fruit et du vin. C'est à cette même faculté d'absorption que sont dûs les *goûts de terroir*, de *pierre à fusil*, communiqués aux vins par le sol lui-même.

ACCIDENTS ET MALADIES. PARASITES DE LA VIGNE

Le viticulteur doit compter avec les intempéries, les maladies et les parasites qui aménent parfois de graves désordres dans le développement normal de la vigne. Il est des années malheureuses où le concours de ces trois agents de destruction est suivi de conséquences terribles pour la récolte. Nous allons donc étudier successivement leurs effets pernicieux et les moyens de préservation qui leur sont le plus généralement opposés.

1° *Accidents résultant des intempéries*

Les principaux accidents résultant des intempéries sont : les désordres causés par la gelée et par la grêle, la coulure et l'échaudage.

A. *Les gelées d'hiver et de printemps*

La vigne supporte, pendant l'hiver, des abaissements de température assez considérables sans paraître en souffrir beaucoup. Pourtant, un froid de — 10 à 15°—peut amener la mort des bourgeons et même des rameaux. Il est évident que les cépages dont l'aoûtement se fait tard sont le plus attaqués et l'on a aussi remarqué que les vignes non taillées offraient plus de résistance que celles à qui l'on avait appliqué la taille avant l'hiver.

Les gelées d'hiver causent peu de dégâts dans nos régions ; les *gelées blanches*, ou de printemps, ont, en général, une action plus fâcheuse.

Les précautions à prendre contre les gelées blanches sont de planter surtout la vigne en côteaux, (comme nous le faisons en Champagne), parce que le froid de la nuit s'y fait moins sentir qu'en plaine, et à planter les *échalas* assez tôt pour que, une fois posés, ils jouent le rôle d'écran protecteur.

En Champagne, où l'hectare de vigne porte environ 60000 ceps et, par suite, 60000 échalas, on a constaté une différence de 3 degrés entre la température des vignes échalassées et celle de vignes découvertes.

Dans le midi, on emploie avec succès divers abris, dits *paragelées*, variant à l'infini avec leurs constructeurs et, aussi, les *nuages artificiels* obtenus en brûlant des matières produisant une épaisse fumée. Mais ce sont là des moyens de préservation difficilement praticables chez nous, en raison de notre mode de culture.

Le Directeur-Gérant : G. DUBRULLE.

Épernay. — Imp. J. DUBREUIL.

COURS D'AGRICULTURE, DE VITICULTURE
ET D'HORTICULTURE

AGRICULTURE ET HORTICULTURE
(SUITE)

La quantité de fumier varie avec les animaux qui le produisent.

La quantité de fumier fournie par les divers animaux de la ferme varie avec les espèces d'animaux et avec l'abondance de nourriture qu'on leur donne. Le bétail à l'engrais, tenu constamment à l'étable, donne naturellement plus de fumier que les bêtes de travail. Ainsi :

Un bœuf de 600 kil. (à l'engrais) donne.. 20,000 kil. de fumier par an.

Un bœuf de 600 kil. (de travail) donne... 9,000 kil. de fumier seulement par an.

Une vache de 500 kil. (à l'étable) donne... 15,000 kil. de fumier par an.

Un cheval de travail donne.............. 5,000 kil.
de fumier par an.
Un mouton de 30 kil. donne............. 500 kil.
de fumier par an.
Un porc de 100 kil. donne............. 2,000 kil.
de fumier par an.

D'une façon générale, un animal bien soigné, largement pourvu de litière et de fourrage, donne annuellement une quantité de fumier égale à *quinze ou vingt fois son propre poids.*

Le fumier des bêtes à l'engrais est plus fertilisant que celui des animaux de travail parce que les matières azotées qui ne sont pas assimilées par ces animaux se retrouvent, sans perte, dans leur fumier.

La qualité du fumier dépend du soin qu'on en prend.

Si l'on veut conserver au fumier toute sa valeur, il faut, autant que possible, le préserver de la sécheresse, de la trop grande humidité et de la moisissure jusqu'au jour de son emploi.

Disposition à donner au sol des étables. Le fumier
à l'étable.

Le sol des étables doit être cimenté, caillouté ou pavé, ou au moins recouvert d'une couche de terre glaise battue. Ce sol doit être incliné d'avant en arrière des animaux pour faciliter l'écoulement des urines et celles-ci seront recueillies dans une rigole, qui les conduira dans une citerne dite *fosse à purin.*

C'est dans l'étable que le fumier commence à se faire, c'est-à-dire à fermenter. Si le sol de l'étable est trop élevé au-dessus de la porte, la litière reste sèche parce que le purin s'écoule trop facilement au dehors; la première fermentation se fait mal et le fumier perd en poids et qualité. Si, au contraire, le sol est en contre-bas, la litière imprégnée d'un excès d'urine, s'échauffe en fermentant plus ou moins vite et produit dans l'étable une chaleur malsaine et des miasmes pernicieux ; il faudra, de toute nécessité, retirer alors plus fréquemment le fumier.

Même dans le cas d'une étable bien disposée, on peut, avec avantage, répandre sur le sol un peu de *terre sèche* avant d'y étaler la litière ; cette matière absorbe l'humidité et s'ajoute au volume total du fumier ; ou mieux, on saupoudre la litière avec du *phosphate de chaux* qui vient augmenter la richesse du fumier en acide phosphorique.

Le fumier dans la cour. Soins à donner au tas de fumier.

Le fumier, sorti de l'étable, est porté dans la cour de la ferme pour y être mis en *tas*. Ce procédé vaut mieux que l'ancienne coutume de la fosse à fumier dont le principal inconvénient était de tenir trop humide la portion inférieure de la masse, tandis que la partie supérieure était trop sèche.

Pour la mise en tas du fumier, on l'empile sur une plate-forme pavée ou cimentée, disposée en dos d'âne, élevée de dix à quinze centimètres au-dessus du sol et entourée d'un rebord empêchant que l'eau des toits ou de la cour, venant laver la base du tas, n'entraîne le *purin*, c'est-à-dire la meilleure partie des matières fertilisantes. Ce rebord retient, en outre, le purin qui suinte de la masse et le conduit dans une rigole menant à la fosse destinée à le recevoir.

On doit fouler soigneusement le tas pour en modérer la fermentation, et lui donner une importance suffisante pour atténuer l'évaporation causée par le soleil ; le purin, puisé dans la fosse, y est répandu en arrosage et cette opération se fait aussi souvent que possible pour éviter que le tas ne *fume* ou dégage des vapeurs.

Autrement, on doit craindre *le blanc*, c'est-à-dire la moisissure, qui fait perdre au fumier une grande partie de sa qualité. Dans les grandes chaleurs, il est même bon de protéger le tas de fumier par une sorte de hangar couvert de branchages ou de paillassons.

Moyen d'éviter les pertes de matières fertilisantes, fixateurs.

Le tas de fumier, une fois établi, s'échauffe et fermente. Dès lors, les principes azotés contenus dans l'urine, (par exemple le carbonate d'ammoniaque) se décomposent en donnant naissance à de l'*ammoniaque*, — dont on reconnaît l'odeur piquante, — ce gaz s'échappe en pure perte dans l'atmosphère si on ne s'oppose à son dégagement. Pour *fixer* l'ammoniaque, on mélange au fumier une certaine quantité de *plâtre*, de *sulfate de fer* ou encore mieux, de *phosphate de chaux* (1). Ces matières maintiennent l'ammoniaque sous forme de composés peu volatils.

Composition chimique et poids du fumier.

Nous avons vu (p. 70), que la *composition chimique du fumier de ferme* varie avec les animaux qui le produisent, l'alimentation fournie au bétail et la nature des litières. Cette composition est en moyenne pour un bon fumier :

Eau........................	79, 30 °/₀	(2)
Carbone... ⎫		
Hydrogène. ⎬ matière organique..	14, 00 °/₀	
Oxygène... ⎪		
Azote..... ⎭		
Cendres : matières minérales....	6, 70 °/₀	
	100. »»	

---

(1) Le plâtre (sulfate de chaux) et le sulfate de fer transforment le carbonate d'ammoniaque du fumier en sulfate d'ammoniaque, moins volatil que le carbonate. L'addition la meilleure qu'on puisse faire est celle du phosphate de chaux à raison de 10 à 15 kilogs par mètre cube: l'acide carbonique du carbonate d'amoniaque se fixe sur la chaux du phosphate et rend celui-ci plus assimilable. En même temps, le fumier s'enrichit de phosphate d'ammoniaque.

(2) C'est-à-dire que l'eau entre pour les 4|5 du poids total.

Et au point de vue des éléments fertilisants :

Azote......................................	0,4 à 0,6 %
Acide phosphorique...................	0,3 à 0,4 %
Potasse..................................	0,5 à 0,6 %
Chaux....................................	0,3 à 0,5 %

On estime à 700 ou 800 kilogs le *poids* moyen du mètre cube de fumier de ferme, en admettant qu'il soit à demi fermenté, pas trop desséché ni saturé d'eau.

Il résulte de toutes ces données, qu'une fumure de 40,000 kilogs de fumier à l'hectare (1) n'apporte effectivement dans le sol que 8000 kilogs de matière sèche dont 160 kilogs d'azote. Et si l'on tient compte, en outre, de toutes les causes qui peuvent faire varier les proportions relatives des éléments constitutifs de l'engrais de ferme, on en conclut que la fumure *au fumier seul* n'est, à aucun moment, rationnelle. (Voir plus loin aux *engrais complémentaires du fumier*).

Le purin.

Le purin est formé par les urines des animaux après qu'elles ont imprégné la litière, c'est le liquide qui s'égoute du fumier. Il représente la partie la plus fertilisante de l'engrais, puisque nous avons vu (p. 71) que les déjections liquides sont, de beaucoup, les plus riches en azote. Le cultivateur doit donc recueillir avec soin les urines de ses bestiaux ; toute ferme aura sa *fosse à purin* dans laquelle viendront se réunir tous les liquides provenant des étables, des écuries, bergeries, porcheries etc., et tous ceux que n'absorbe pas le fumier. C'est dans cette fosse que l'on puisera

---

(1) On considère comme une faible fumure 2o,ooo kilogs de fumier à l'hectare ; comme une moyenne fumure 4o.ooo kilogs de fumier à l'hectare, et comme une forte fumure 6o,ooo kilogs de fumier à l'hectare.

pour l'arrosage du tas de fumier (v. p. 83) et même on emploiera le purin, allongé d'eau, comme engrais direct pour les champs ou les prairies.

La perte du purin, par la négligence ou l'insouciance du fermier, est le plus grand préjudice qui puisse être porté à la culture ; il est facile de s'en rendre compte en songeant que :

Un cheval émet 1k.330 d'urine par jour soit 485k.450 par an.

Une vache émet 8 k. 200 d'urine par jour soit 2993 k. par an.

Un mouton émet 1k.115 d'urine par jour soit 406k.975 par an.

Ainsi une exploitation comprenant 5 chevaux, 10 vaches et 200 moutons, par exemple, représente-t-elle, d'après ces chiffres, une production annuelle de 114.000 kilogs d'urine renfermant 1465 kilogs d'azote!

Il ne faut pas laisser fermenter le purin.

Quand la fosse à purin laisse dégager l'odeur ammoniacale indiquant que le liquide y entre en fermentation, on arrête cette déperdition de gaz azoté en jetant dans la fosse quelques poignées de sulfate de fer.

Parcage des moutons.

Le fumier des moutons est souvent appliqué directement à la terre par la méthode du *parcage*. Les bêtes ne sont plus tenues à l'étable, mais en plein air, dans des enclos mobiles qui permettent de changer fréquemment l'emplacement du parc. Les dimensions habituelles d'un parc varient de 3 à 400 mètres carrés par 100 moutons. Il n'y a pas avantage à parquer moins de 300 bêtes parce que les frais seraient proportionnellement trop élevés, et, d'autre part, il faut éviter les trop grands parcs qui laissent aux moutons la liberté de se rassembler, suivant leur habitude, tous d'un même côté de l'enceinte ; le sol se trouve alors inégalement fumé.

On admet qu'un mouton peut fournir, en une nuit, la quantité de fumier nécessaire à un mètre carré de terrain. Le parcage présente, en outre, l'avantage de tasser le sol par le piétinement des animaux et il convient ainsi aux terres légères. Pour la même raison, il peut être nuisible dans les sols argileux, surtout par les temps humides, car ces terres fortes ont, au contraire, besoin d'être ameublies.

Certains cultivateurs et agronomes se sont élevés contre la pratique du parcage en établissant que la quantité de fumier fait à la bergerie, pendant le même espace de temps, permet de fumer une plus grande surface de terrain que par le parcage. Il est vrai que 100 moutons, bien nourris, donnent par an 50 à 60 voitures d'engrais qui valent, pour l'agriculteur, autant que 80 ou 90 voitures de tout autre fumier, mais le parcage supprime un partie de la main d'œuvre et nous venons de voir qu'il est favorable aux sols légers. Le fumier de mouton, provenant des étables, convient aux sols argileux et froids, son action est énergique mais ne dépasse pas 2 ans..

Les gadoues cu boues de ville.

Un autre genre d'engrais mixte, les *boues de ville*, constituent l'engrais du commerce qui se rapproche le plus du fumier de ferme. Ces *boues* ou *gadoues* sont composées des débris de toute sorte jetés à la rue par les ménagères. On les emploie, telles qu'on les a ramassées, sous le nom de *gadoues vertes* ; ou bien après leur avoir fait subir, en tas, une fermentation qui les transforme, au bout d'un an, en un terreau doué de propriétés fertilisantes d'une grande énergie ; on les appelle alors *gadoues faites*,

Il faut moitié moins de gadoue faite que de gadoue verte, c'est-à-dire qu'on emploie 30 à 35 mètres cubes de gadoue faite par hectare au lieu de 60 mètres cubes de gadoue verte.

Les composts ou magasins.

Les *composts* ou *magasins* sont des amas de matières animales ou végétales mélangées à de la terre; parfois on y ajoute des engrais chimiques. Dans tous les cas, les composts sont un moyen de production d'engrais peu dispendieux, puisqu'on peut faire entrer dans leur confection tous les détritus capables de se décomposer pour donner des matières fertilisantes. Nous avons vu (p. 68) que le vieux tan, les feuilles mortes, les balles de céréales y sont employés quand on ne les utilise pas pour la litière ; les marcs de raisin (v. p. 67), les mauvaises herbes, la boue qu'on râcle dans les rues ou sur les routes, les vases et curures de fossés, d'étangs, de mares ou de rivières, riches en matières organiques, peuvent encore servir à la composition des composts.

Pour établir un *magasin*, on dispose en couches superposées les substances organiques en les faisant alterner avec des couches de terre (et de fumier, si on peut s'en procurer) (1). Au bout de quelque temps, on remue le tas à la pelle pour en opérer le mélange intime et, après un hiver passé, on le répand sur les champs.

Engrais perdus par négligence

D'une façon générale, aucune matière renfermant des éléments organiques, ne doit être dédaignée par

---

(1) On trouve un grand avantage à saupoudrer les couches successives avec du *phosphate de chaux* ou même avec de la chaux. La formation du terreau est ainsi activée et la masse gagne en valeur fertilisante.

le cultivateur : *les eaux d'égoût, les eaux grasses et les eaux de savon, les balayures de greniers à foin, les sciures de bois, les épluchures de légumes,* etc., etc., en un mot, les résidus de toute espèce qui sont, le plus souvent, perdus par négligence, constituent une ressource dont on dispose partout et dont on obtiendra, en retour d'un peu de peine, un profit certain et considérable.

2° *Les engrais chimiques*

On appelle *engrais chimiques* toutes les substances employées comme matières fertilisantes et ne provenant pas des animaux ou des végétaux. Ces engrais, d'origine *minérale*, sont d'une composition plus simple que celle des engrais organiques et ils offrent cet avantage qu'ils peuvent fournir au sol tel ou tel élément bien déterminé, à l'exclusion des autres.

On divise les engrais chimiques en engrais *azotés, phosphatés, potassiques* et *calcaires.* C'est-à-dire qu'à chacun des quatre éléments fertilisants indispensables (azote, acide phosphorique, potasse et chaux) correspond une catégorie particulière de produits chimiques. Il est clair qu'on peut, en outre, mélanger ces divers engrais pour répondre, dans toutes les circonstances, aux différents besoins du sol.

COURS DE DEUXIÈME ANNÉE

VITICULTURE

(SUITE)

B. La coulure

La *coulure*, caractérisée par le dessèchement de la fleur qui tombe avant de *nouer* son fruit, est due le plus souvent au retour brusque du froid, à la pluie persistante ou au grand vent, quand ces phénomènes coïncident avec l'époque de la floraison.

On écarte autant que possible, les chances de coulure, par le *pincement* et *l'incision annulaire*

(v. p. 63 et 64) qui donnent presque toujours, des résultats satisfaisants.

C. L'échaudage ou grillage

L'échaudage, accident rare dans nos régions, est causé par l'action trop intense de la chaleur solaire sur les raisins. C'est dans le midi surtout que l'échaudage peut avoir de fâcheuses conséquences en arrêtant le développement des grains ; les raisins échaudés restent acides et ne mûrissent plus.

On combat l'échaudage en laissant aux sarments tout le feuillage nécessaire pour couvrir les grappes de son ombre et les garantir de l'action directe des rayons du soleil.

2° Les maladies de la vigne

Les *maladies* qui frappent le plus fréquemment la vigne sont *l'apoplexie* et la *chlorose*.

A. L'apoplexie

On désigne sous le nom *d'apoplexie* une maladie qui frappe *isolément* les ceps de vigne au milieu de l'été, en pleine santé, et les fait rapidement mourir sans qu'aucun signe précurseur ait fait prévoir cet accident.

C'est de juillet en août que l'apoplexie sévit surtout, on voit alors que sur des ceps bien portants, à végétation vigoureuse, les feuilles se fanent, les sarments se dessèchent de haut en bas et bientôt toute la souche finit par mourir. Parfois, les sarments ne meurent pas sur toute leur longueur et alors la souche peut persister encore, mais elle a subi un ébranlement qui ne lui laisse qu'une végétation misérable.

On attribue l'apoplexie à la grande chaleur en même temps qu'à l'humidité du sol : (1) c'est en effet, dans les sols profonds et frais que les vignes meurent le plus souvent d'apoplexie et en particulier, pendant les étés secs.

L'apoplexie est, jusqu'ici, sans remède ; on doit se borner à arracher les pieds atteints et à les remplacer. Dans certains cas, le *drainage* a paru donner de bons résultats en régularisant la proportion d'eau dans le sol.

B. La chlorose

La *chlorose* a pour principal caractère le *jaunissement des feuilles*. Elle semble frapper plutôt les cépages européens que les vignes américaines ; elle a pour résultats le rabougrissement et la destruction des tissus par dessèchement.

La chlorose est due à plusieurs causes qui résident dans la composition chimique de la terre arable, le fonctionnement défectueux des organes absorbants de la plante et enfin dans l'absence ou l'insuffisance dans le sol des matériaux nécessaires au végétal. En particulier dans les terrains calcaires, elle semble due à l'absence du *fer*.

S'il faut reconnaître que la coloration plus ou moins foncée de la surface du sol a une influence incontestable (v. p. 14 et 15), que l'humidité de ce sol modifie les effets de sa constitution chimique au point que dans

---

(1) Cette hypothèse est exacte : Le végétal dont les racines plongent dans un sol gorgé d'humidité, a lui même ses tissus saturés d'eau, et, quand le soleil vient frapper les feuilles et les rameaux en y déterminant une évaporation brusque, l'appel d'eau fait dans le sol par les racines ne peut suivre en rapidité cette déperdition aérienne ; il en résulte une rupture d'équilibre dont on vient de voir les résultats.

une terre calcaire, la vigne peut être chlorotique dans les parties sèches et bien portante dans les parties humides ; il n'est pas moins vrai que l'emploi du *sulfate de fer* est suivi de remarquables effets dans les sols où la proportion de fer est très faible (1).

On emploie le sulfate de fer en dissolution dans l'eau à raison de 1 à 2 kilogs par hectolitre pour s'en servir en pulvérisation sur les feuilles ; ou bien on le répand, à l'état de sel, sur le sol sol à raison de 100 à 300 kilogs et plus, selon les besoins du terrain. Cette dernière application se fait en deux fois ; une première dose est répandue au commencement de l'hiver, une seconde au printemps avant la reprise de la végétation.

3° *Les parasites de la vigne*

Nous diviserons les *parasites*, c'est-à-dire les organismes vivant aux dépens de la vigne, en deux catégories :

I. *Les parasites végétaux* ;
II. *Les parasites animaux*.

1. *Parasites végétaux*

Ce sont, en général, des cryptogames cellulaires de petite taille (moisissures) mais d'une grande puissance

---

(1) Quand, dans une terre calcaire, le rapport de la chaux au fer est plus élevé que celui de 5 parties à 1 partie, la chlorose semble inévitable, mais l'emploi du sulfate de fer y conserve à la vigne sa vigueur et sa teinte verte. (L'acide sulfurique du sulfate de fer se combinant avec la chaux du sol pour former du sulfate de chaux entre, sans doute, pour une part, dans cet effet stimulant (v. p. 39 et 40).

d'assimilation et de reproduction. — On sait, en effet, avec quelle rapidité les champignons prennent un développement parfois considérable. — Nous nous occuperons seulement ici des plus répandus, comme des plus redoutables, de ces champignons parasites : *l'oïdium, le mildew, la morille ou pourridié, l'anthracnose.*

A. L'oïdium

L'oïdium, dont le nom scientifique est *Erysiphe Tuckeri,* fut d'abord désigné sous le nom de *mal blanc, meunier,* etc. ; on l'appelle aujourd'hui partout *oïdium.* Son non spécifique *Tuckeri,* lui vient de M. Tucker, jardinier anglais qui l'a signalé le premier en Europe. L'oïdium a, en effet, été importé d'Amérique vers 1840 ; on signalait vers 1845 ses attaques à Margate, port anglais voisin de l'embouchure de la Tamise ; deux ans après il était en France et causait dans le midi des dégâts considérables ; enfin, gagnant toujours du terrain, il dévastait en 1851 la totalité des vignobles de l'île Madère.

Caractères de la maladie

L'oïdium offre, sur la vigne, un aspect très caractéristique : ce sont des plaques blanchâtres passant au gris, farineuses, *d'une forte odeur de moisi.* Les vignes atteintes sont languissantes, leurs feuilles sont ternes et se recroquevillent, les grains de raisin surtout sont attaqués et présentent des crevasses très spéciales, qui amènent le dessèchement de la pulpe du fruit.

L'oïdium peut résister à l'hiver et reparaître au printemps, dans tout son développement, sur les jeunes pousses et les rameaux ; il détermine alors un affaiblissement du vignoble et de grandes pertes au point de vue de la récolte. Les conditions atmosphériques qui favorisent son extension sont l'humidité et surtout la chaleur.

Parmi les cépages le plus vivement attaqués par l'oïdium il faut citer les gamays, tandis que les pinots sont, au contraire, moins souvent atteints.

Traitement de l'iodium. Soufrage.

La mode de traitement usité aujourd'hui contre l'oïdium est à la fois très simple et très efficace, c'est le *soufrage*.

Il importe d'employer le soufre à l'état de *fleur*, c'est-à-dire le soufre sublimé, plutôt qu'à l'état de soufre en canons pulvérisé, parce que le soufre en fleur doit à sa préparation particulière, d'être plus curatif. Le soufre est répandu sur toutes les parties vertes de la vigne dès qu'apparaît la maladie, et son application doit être renouvelée à chaque réapparition des plaques farineuses. Comme traitement préventif, le soufrage doit se faire trois fois par an : au printemps, à la floraison, à la formation des grains.

La première de ces applications, celle du printemps, se fait lorsque les pousses ont atteint un décimètre de long ; c'est la plus importante des trois opérations parce qu'elle doit détruire les spores (1) qui ont passé l'hiver et qui commencent à germer.

La deuxième s'exécute en ayant soin de bien garnir les fleurs et les jeunes grappes, tant en dessus qu'au dessous.

Enfin, la troisième opération se fait assez avant la

-----

(1) Petits organes servant à reproduire la plante cryptogame.

vendange pour que tout le soufre répandu à la surface des raisins ait eu le temps de disparaître au moment de la récolte. Il faut, en effet, éviter que la présence de ce soufre dans le moût donne naissance à un produit gazeux (1) dont l'odeur d'œuf pourri gâterait complètement le vin.

Le soufre se répand à l'aide d'instruments spéciaux analogues aux soufflets ordinaires et munis d'un réservoir à poudre.

Le Directeur-Gérant : G. DUBRULLE.

____

(1) L'acide sulfhydrique, résultant de la combinaison de l'acide sulfureux avec l'hydrogène.

Epernay. — Imp. J. DUBREUIL

COURS D'AGRICULTURE, DE VITICULTURE
ET D'HORTICULTURE

AGRICULTURE ET HORTICULTURE
(SUITE)

A. *Engrais azotés.*

Nous avons vu que l'*azote*, cet élément si important pour la nutrition des végétaux, est puisé par eux dans le sol et dans l'air (v. p. 41). L'azote de l'atmosphère est absorbé directement sous la forme simple qu'il présente dans son mélange avec l'oxygène (v. p. 41); dans le sol au contraire, il est assimilé sous deux formes différentes : d'abord, à l'état *d'ammoniaque* dans la matière organique de l'humus, puis à l'état *d'azote gazeux*, proprement dit, résultant de la décomposition de l'ammoniaque.

Sous la forme organique, l'azote représente dans le sol une réserve à laquelle puiseront les plantes à mesure que s'en dégagera l'ammoniaque, c'est-à-dire aussi lentement que se fait la décomposition de la matière organique. Mais si, au contraire, on a introduit cette réserve azotée sous une forme plus rapidement assimilable, c'est-à-dire à l'état de composés azotés *solubles*, elle peut, en une année, se trouver toute absorbée par la végétation et transformée immédiatement en récolte de blé, d'avoine ou de betterave (1).

Les principaux composés azotés, utilisés en agriculture, sont les *azotates de soude et de potasse* (nitrates du commerce) et le *sulfate d'ammoniaque*.

Nitrate de soude, son emploi.

Le *nitrate de soude* (acide azotique et soude) a pris aujourd'hui une grande importance parce que ses effets sont souvent merveilleux quand, en particulier, on l'applique à une culture dont la végétation est languissante. Ainsi l'utilise-t-on, à la fin de l'hiver, pour réveiller les blés ou les prés trop éprouvés par les froids. Dans ce cas on l'emploie à dose modérée, 100 kilogs environ par hectare. Un peu plus tard, on aura recours à des doses plus élevées pour la culture de la carotte, de la betterave, etc. En horticulture, nous verrons qu'il convient à toutes les plantes potagères si on le répand à raison de 50 grammes par mètre carré.

Le nitrate de soude contient de 15,5 à 16.0|0 d'azote, il coûte 20 à 30 fr. les 100 kilogs; très souvent, il est falsifié dans le commerce et l'agriculteur devra en faire l'achat sur analyse, pour s'assurer de sa pureté.

Les azotates sont des sels extrêmement solubles; le nitrate de soude se laisse dès lors facilement entraîner par l'eau des pluies et va se perdre dans les couches profondes du sol, hors de la zône occupée par

---

(1) L'azote des nitrates est beaucoup mieux utilisé par les végétaux que celui du fumier et on a constaté qu'il suffit de donner au sol, à l'état de nitrate, le cinquième environ de la quantité d'azote que contiennent 60000 kilogs de fumier, pour obtenir un résultat équivalent ; c'est-à-dire que 380 ki'ogs de nitrate de soude constituent, dans la pratique, une forte fumure azotée.

les racines. On ne doit donc jamais l'employer avant l'hiver, mais au contraire, l'épandre en couverture *au printemps.*

Nitrate de potasse

Le *nitrate de potasse* (*salpêtre, sel de nitre,* ou simplement *nitre*) est employé tout à la fois pour l'azote et pour la potasse qu'il renferme.

Comme le nitrate de soude, le nitrate de potasse se trouve en gisements importants dans quelques pays : on le rencontre ainsi à l'état natif dans l'Inde, en Égypte, en Amérique, (Pérou et Chili), en Italie. Dans le commerce, on l'extrait des vieux plâtras ; des matériaux salpétrés sous l'influence de l'air, de l'humidité et des matières organiques introduites dans les mortiers ; enfin on le produit surtout par transformation industrielle du nitrate de soude en salpêtre.

On emploie le nitrate de potasse, considéré comme engrais azoté, dans les mêmes conditions que le nitrate de soude ; mais son prix plus élevé, 50 fr. les 100 kilogs, le rend alors bien moins avantageux. C'est plutôt comme engrais potassique qu'il rendra des services, aussi le retrouverons-nous plus loin dans l'étude de cette autre catégorie d'engrais.

Sulfate d'ammoniaque, sa fabrication, son emploi

Le *sulfate d'ammoniaque,* composé d'acide sulfurique et d'ammoniaque, est un sel blanc, très soluble dans l'eau et qui s'évapore complètement quand on en jette une pincée sur des charbons ardents. On l'extrait des eaux vannes de vidanges ou des eaux d'épuration du gaz d'éclairage en traitant ces liquides ammoniacaux par l'acide sulfurique. Le sulfate d'ammoniaque pur contient 60 % d'acide sulfurique et 27 % d'ammoniaque. Dans le commerce, il est toujours impur et contient, en moyenne 20 % d'azote. Son prix est assez élevé, 30 à 32 fr. les 100 kilogs ; mais son emploi de plus en plus répandu fera diminuer ce prix par la plus grande production de ce sel dans le commerce.

On l'utilise avec profit, comme les nitrates, pour relever les blés d'hiver, pour la culture du colza, des céréales, du chanvre et de la betterave. Pour le répandre, on le mêle souvent à trois ou quatre fois son poids de cendres ou de charrée et l'on forme ainsi un bon engrais que l'on sème à la volée, à raison de 300 ou 400 kilogs par hectare. Le sulfate d'ammoniaque se laisse moins que les nitrates, entraîner dans les parties profondes du sol ; on l'applique avantageusement à *l'automne*, en même temps que les engrais potassiques.

B. *Engrais phosphatés.*

On distingue comme engrais phosphatés, les *phosphates* de chaux naturels dans leurs divers états, les *superphosphates* de chaux et les *phosphates précipités*

Phosphates naturels. — *Apatite et phosphorite*

Principaux gisements

Les *phosphates de chaux naturels* se rencontrent dans diverses formations géologiques, sous l'aspect de gisements plus ou moins étendus, ou bien à l'état de *nodules*, c'est-à-dire de petites masses arrondies, colorées en jaune ou vert, de grosseur très variable, disséminées dans des sables ou des couches crayeuses.

La composition chimique des phosphates n'est pas non plus la même partout : c'est ainsi qu'on désigne sous le nom *d'apatite* un phosphate riche en acide phosphorique, *sans trace de carbonate de chaux,* existant dans les terrains granitiques de la péninsule scandinave, de l'Espagne, de Suisse (St-Gothard), du Tyrol et d'Amérique (Canada). L'apatite contient environ 40 % d'acide phosphorique.

Une autre variété de phosphate minéral, *la phospho-rite*, est *mêlée de carbonate de chaux*, c'est une substance blanche, dure, qui, réduite en poudre et projetée sur les charbons ardents, donne une lueur jaune verdâtre (d'où son nom de phosphorite). On la rencontre en couches ou filons dans les terrains volcaniques d'Espagne et de Portugal, dans la craie du nord de la France, dans les terres schisteuses de Normandie et des Ardennes, et sur différents points de l'Aveyron, du Lot et du Tarn-et-Garonne. Elle renferme de 20 à 30 %, d'acide phosphorique, et celle du Nord et de la Somme est la plus renommée.

Suivant leur dosage et leur provenance, les phosphates naturels valent de 4 à 7 fr. les 100 kilogs. Ils rendent de grands services dans les terres fortes, argileuses ou argilo-calcaires et dans les terres acides.

Ce sont d'excellents engrais pour toutes les cultures, en particulier pour les céréales, les prairies artificielles et les légumineuses à *graines*. Ils donnent de la qualité aux plantes comme les azotates leur donnent de la force ; sous leur influence, le blé donne un grain mieux formé et plus riche en farine, il est moins sujet à verser ; la betterave gagne en sucre, la pomme de terre en fécule et la vigne produit de meilleur vin (1). Nous avons vu (p. 83 et 84) qu'ajoutés au fumier, ou répandus dans l'étable, les phosphates constituaient un excellent fixateur.

Superphosphates : leur emploi comparé à celui
des phosphates naturels.

Les phosphates que nous venons de voir sont *insolubles* dans l'eau, leur décomposition et leur assimilation par les végétaux ne peut donc se faire que lentement et à la condition que ces phosphates aient été réduits en poudre très fine (v. p. 30). Ils contiennent,

---

(1) Il est bon d'ajouter ici que, dans une bonne fumure, la dose d'ac de phosphorique doit être, en général, la moitié de celle d'azote. De plus, la quantité de phosphate fournie au sol doit être sensiblement égale à celle qu'apporterait le fumier de ferme.

en effet, une assez grande proportion de chaux et, dans les conditions de cette combinaison, l'acide phosphorique n'est pas assimilable par la plante à moins que, le phosphate étant finement moulu, il trouve dans le sol une acidité suffisante pour lui enlever une partie de cette chaux en excès : C'est ainsi qu'un peu à la fois, l'acide carbonique agit sur lui et en facilite l'assimilation ; c'est aussi ce qui explique la végétation merveilleuse produite dans les terres nouvellement défrichées, humifères, par l'application de 500 à 600 kilogs de phosphate de chaux pulvérisé.

On a imaginé de traiter chimiquement les phosphates naturels pour les rendres *solubles*, et, ce résultat obtenu, on a désigné les produits de l'opération sous le nom de *superphosphates (1) ou phosphates acides de chaux*.

Les superphosphates minéraux, c'est-à-dire provenant du traitement des phosphates fossiles, dosent de 14 à 16 0/0 d'acide phosphorique assimilable ; ils coûtent de 7 à 8 fr. les 100 kilogs. Ceux qu'on obtient par le traitement des phosphates *d'os*, (2) un peu plus riches, dosent de 16 à 18 0/0 d'acide phosphorique, leur prix est de 13 à 14 fr. les 100 kilogs.

En raison de leur solubilité, les superphosphates donnent, vite et grandement, des résultats supérieurs à ceux des phosphates naturels, mais leur prix étant aussi plus élevé, on a pu objecter que leur emploi n'était pas économique. — A cela on répondra que lorsqu'on veut mettre en réserve, dans le sol, pour une période plus ou moins longue d'années, de l'acide phosphorique destiné à plusieurs cultures successives, on aura avantage à employer les phosphates naturels, à haute dose (300 à 500 kilogs par hectare), et que, si

____

(1) On obtient les superphosphates en faisant agir l'acide sulfurique sur le phosphate minéral : l'acide prend au phosphate une partie de sa chaux pour former du sulfate de chaux et le phosphate, ainsi modifié, contient, dès lors, une plus grande proportion relative d'acide phosphorique.

(2) On fabrique, sous le nom *d'engrais de St-Gobain*, des superphosphates à base d'os.

l'on veut, au contraire, obtenir un résultat immédiat, on devra recourir aux superphosphates à raison de 250 à 300 kilogs par hectare, répandus à *l'automne*.

Rétrogradation des superphosphates

Depuis que l'on fabrique les superphosphates, on a constaté qu'à l'analyse, la quantité d'acide phosphorique soluble variait fréquemment, *pour un même échantillon*, suivant qu'on l'analysait aussitôt après sa fabrication ou après un certain temps :

C'est le phénomène de la *rétrogradation des superphosphates*, qui s'explique par la régénération d'une certaine quantité de phosphate primitif sous l'action de l'acide phosphorique libre sur le carbonate de chaux qui l'accompagne dans la masse du produit commercial. Les superphosphates rétrogadés restent cependant plus assimilables que les phosphates primitifs.

Phosphates précipités

Les *phosphates précipités* se préparent en dissolvant les phosphates minéraux ou les phosphates d'os, dans l'acide chlorhydrique et en les *précipitant* (1) ensuite par le mélange d'un lait de chaux ou simplement de carbonate de chaux. Le produit obtenu est très assimilable, aussi est-il recherché malgré son prix assez élevé (20 à 25 fr. les 100 kilogs), il contient de 30 à 35 0/0 d'acide phosphorique.

Remarque

D'une façon générale, les phosphates prêtent facilement à la fraude ; certains d'entre eux, pauvres en acide phosphorique, sont *teintés* en vert ; pr. ex., pour donner l'aspect des phosphates de sables verts des Ardennes ; à des superphosphates sont mélées des poudres de phosphates natifs ; des phosphates précipités sont falsifiés avec de la poudre blanche d'apati-

---

(1) C'est-à-dire en les faisant repasser à l'état solide.

te . L'agriculteur qui fait usage de phosphates doit donc recourir à l'avis du chimiste et, d'ailleurs, l'analyse doit faire la base de toutes ses transactions en matière d'engrais.

Scories de déphosphoration

Les *scories de déphosphoration* provenant de l'épuration des fontes de fer contiennent de 9 à 20 0/0 d'acide phosphorique et valent, toutes moulues, 5 fr. 50 les 100 kilogs. Nous les avons déjà étudiées au chapitre des amendements stimulants (v. p. 37.)

Elle sont de composition variable et quelquefois même, sont falsifiées au point qu'on peut constater des différences du simple au triple dans leur teneur en acide phosphorique.

On répand les scories moulues à raison de 10 à 12 hectolitres par hectare dans les terres blanches crayeuses, dans les sols argileux ou de défrichement. Répandues à la volée sur les prairies basses, à l'automne, elles donnent d'excellents effets.

C. Engrais potassiques

Depuis qu'on a reconnu la nécessité de restituer au sol la *potasse* que les récoltes en ont enlevée et depuis que le rôle important de cet élément a été établi de façon évidente, l'emploi des engrais à base de potasse a pris une extension considérable. Les cendres (v. p. 36) n'ont pas suffi aux exigences nouvelles et l'industrie chimique s'est mise à produire les sels de potasse en quantité largement suffisante.

L'agriculture demande aujourd'hui la potasse à diverses sources dont les plus importantes sont les salines du Midi, dans la Camargue et à Berre (Bouches-du-Rhône), où on traite les eaux de la mer ; les mines de Strassfurt, près de Halle, en Prusse ; les dépôts de salpêtre natif d'Egypte, d'Amérique, d'Italie ; les terres noires de Russie, etc.

Les différentes formes sous lesquelles la potasse est

fournie aux plantes sont : le *nitrate de potasse (salpêtre), le chlorure de potassium, la Kaïnite, le sulfate
de potasse, le carbonate de potasse.*

Le salpêtre (nitrate de potasse)

Le nitrate de potasse ou *salpêtre* que nous avons
déjà vu à propos de l'azote (v. p. 99) contient 45 0/0
de potasse. C'est, au point de vue agricole, une des
formes sous lesquelles on trouve la potasse à un prix
qui n'est pas exagéré, bien qu'il soit encore de 50 fr.
les 100 kilogs.

Le chlorure de potassium

Le chlorure de potassium nous vient en grande partie des mines de Strassfurt, sous la forme d'un sel
blanc qui, dans le commerce, contient en moyenne
45 à 50 o‍|‍o de potasse et coûte de 20 à 25 fr. les 100
kilogs. C'est un engrais potassique énergique qu'il ne
faut employer qu'à la dose modérée de 100 à 200 kilogs par hectare. C'est lui qu'on utilise le plus généralement pour la culture des légumineuses (pois,
fèves etc.) surtout dans les sols calcaires ou sableux;
pour les pommes de terre et les prairies naturelles ou
artificielles à base de légumineuses fourragères (trèfle, sainfoin, luzerne).

La Kaïnite

La Kaïnite est un composé d'acide sulfurique, de
potasse et de magnésie. C'est un sulfate double con-
tenant 30 o‍|‍o environ de sulfate de potasse et 16 à
20 o‍|‍o de sulfate de magnésie. (La présence de la
magnésie n'est pas un défaut, parce que nous avons
vu (p. 41) que c'est un des quatorze éléments dont
se nourrissent les plantes). Elle provient des mines de
Strassfurt. On l'emploie comme engrais potassique à
la dose de 100 à 500 kilogs par hectare et elle coûte
seulement 7 fr. les 100 kilogs.

Le sulfate de potasse

Le sulfate de potasse provient des salines où on l'extrait des eaux-mères ayant fourni le sel de cuisine et l'iode ; ou du traitement des eaux, dites salins de betteraves, fournies par la fabrication du sucre. Il dose en moyenne 40 à 45 0/0 de potasse et vaut de 20 à 30 fr. les 100 kilogs. On l'emploie dans les mêmes conditions que le chlorure de potassium, mais il agit plus rapidement que ce dernier.

Le carbonate de potasse

Le carbonate de potasse, employé pour la lessive du linge, est quelquefois utilisé en agriculture malgré son prix élevé, 50 fr. les 100 kilogs. Il dose jusqu'à 90 0/0 de potasse et on l'a fait entrer dans certaines formules d'engrais pour la vigne (v. p. 77).

Remarque

Les engrais potassiques ont le caractère particulier de n'être pas facilement entraînés par les pluies comme le sont les azotates. On peut donc les employer, *avant l'hiver*, au moment des semailles de cette époque.

D. Engrais calcaires (v. amendements, p. 24 et suiv.)

Une terre, bien conditionnée au point de vue de ses éléments fondamentaux devant contenir 5 à 10 0/0 de calcaire (v. p. 18) et la chaux tenant, parmi les éléments de fertilité, le même rang que la potasse et l'acide phosphorique, un sol qui renferme une proportion de calcaire inférieure à 5 0/0, réclame impérieusement la chaux, la marne ou le plâtre destinés à réparer cette insuffisance.

Nous avons vu (p. 25, 35 et 38) les effets du *chaulage*, du *marnage* et du *plâtrage* qui, en même temps qu'ils modifient la constitution physique du sol, en accroissent la puissance productive. Nous n'y reviendrons donc pas ici et nous nous bornerons à rappeler que *la chaux* joint aux fonctions multiples qu'elle remplit dans le sol, le rôle d'aliment nécessaire pour les végétaux : une récolte de 10.000 kilogs de foin peut en absorber, par exemple, 140 kilogs par hectare.

La chaux *maigre* doit être rejetée comme trop épuisante ; la chaux plus ou moins *hydraulique* a l'inconvénient de rendre le sol moins perméable à l'eau et à l'air ; la chaux *grasse*, foisonnant bien pour donner avec l'eau un lait homogène, est celle qui convient le mieux en agriculture.

Le cultivateur qui achète de la chaux doit s'assurer du poids que pèse l'hectolitre de celle qu'on lui livre, car, malgré son prix peu élevé, la chaux n'est pas à l'abri de la fraude, on la mélange quelquefois avec du calcaire cru, du plâtre ou du sable. Suivant la qualité de la chaux, le poids de l'hectolitre peut varier de 70 à 90 kilogs (1).

La *marne* qui peut contenir de 40 à 50 o/o de chaux, a été étudiée, comme la chaux, au chapitre des amendements (v. p. 33 et suiv.). Nous la citerons seulement pour mémoire.

Le *plâtre*, amendement stimulant dont nous avons vu (p. 38) les effets sur les différentes récoltes, contient quand il est naturel, c'est-à-dire sans addition frauduleuse de craie ou de sable, 45 à 50 o/o de chaux et pas plus de 15 o/o de matières étrangères.

La *charrée* (v. p. 36), résidu laissé par le lessivage des cendres de bois, offre, quand elle est de bonne qualité, l'aspect d'une poudre fine, grasse au toucher, mêlée de petits débris de charbon, et a l'odeur de

---

(1) Il suffit souvent pour juger la nature d'une chaux, d'observer la manière dont elle se comporte en présence de l'eau : on place environ 100 grammes de la chaux à essayer, sur une assiette et on y verse de l'eau par petites quantités pour la mouiller entièrement. Si la chaux est *maigre*, elle foisonne peu et donne un lait court, sans liaison ; la chaux *hydraulique* ne fait pas de lait, mais se prend plus ou moins vite en petites masses ; la chaux *grasse* foisonne beaucoup, s'échauffe et tombe en poudre floc. qui, délayée dans une plus grande quantité d'eau, donne un lait uniforme.

lessive ; elle s'agglomère en mottes par la pression et ne doit pas contenir plus de 15 o/o de sable. On la falsifie avec des sables calcaires ou siliceux, mais elle contient, quand elle est pure, de 30 à 60 o/o de chaux.

Remarque

Les *cendres* (v. p. 36), la *suie* (v. p. 37), sont parfois citées comme engrais minéraux parce qu'elles renferment, en effet, de l'acide phosphorique, de la potasse et de la chaux, mais souvent aussi elles présentent des traces de matières organiques. Nous les avons placées parmi les amendements-engrais (v. p. 36) en raison de l'importance qu'elles ont surtout pour la modification physique et mécanique du sol et nous allons compléter leur étude par l'examen de leurs principes fertilisants.

Les cendres *de bois* contiennent, en moyenne, 4 à 5 o/o d'acide phosphorique, 16 o/o de potasse et 70 o/o de chaux.

Les cendres *de tourbe*, riches en chaux dont elles renferment 60 o/o, contiennent une moindre proportion de potasse (2 à 3 o/o). Celles *de houille* ont peu de valeur, elles dosent, en chaux, 6 à 10 o/o.

La *suie*, privée d'humidité, contient 1,3 o/o d'azote et 10 o/o d'acide phosphorique. Elle vaut, comme engrais, 2 fr. 50 l'hectolitre. On l'emploie, à raison de 20 à 40 hectolitres, soit 150 à 300 kilogs par hectare, surtout pour les prairies humides où elle agit avec énergie comme stimulant et comme destructeur des mousses et des prêles.

TABLEAU RÉCAPITULATIF

C. Engrais minéraux	Teneur 0/0 en :				Prix moyen par 100 k.
	Azote	Acide phosphor.	Potasse	Chaux	
Nitrate de soude........	14 à 15	»	»	»	25 francs
Nitrate de potasse......	13	»	45	»	50
Sulfate d'ammoniaque..	20	»	»	»	30 à 32
Phosphate de chaux minéral.....	»	15 à 40	»	30 à 50	4 à 7
Phosphate précipité....	»	30 à 35	»	»	20 à 25
Superphosphate minéral	»	14 à 16	»	»	7 à 8
Superphosp. d'os (engrais de St Gobain)	»	16 à 18	»	»	13 à 14
Scories de déphosphoration	»	9 à 20	»	50	5 fr.5
Chlorure de potassium .	»	»	50	»	23 à 28
Kaïnite..............	»	»	12 à 15	»	7
Sulfate de potasse......	»	»	45 à 50	»	27 à 30
Carbonate de potasse...	»	»	90	»	50
Chaux grasse........	»	»	»	90 à 95	variable
Chaux maigre........	»	»	»	75 à 80	id
Marne..............	»	»	»	40 à 50	»
Plâtre..............	»	»	»	45 à 50	»
Charrée..............	»	7	»	30 à 60	»
Cendres de bois........	»	4 à 5	16	70	»
Cendres de tourbe.....	»	»	2 à 3	60	»
Cendres de houille.....	»	»	»	6 à 10	»
Suie	1,3	10			»

VITICULTURE

(SUITE)

B. Le Mildew

Le *mildew*, ou mildiou, est une cryptogame voisine de l'oïdium. Son nom scientifique est *Peronospora viticola*, elle appartient à la même famille que le Peronospora infestans qui cause la maladie de la pomme de terre. Le nom de mildew lui a été donné par les Américains, car c'est encore du Nouveau-Monde que nous est venu ce parasite et son importation remonte seulement à une quinzaine d'années, à l'époque où les plants américains furent utilisés pour essayer de combattre le phylloxera. L'extension du mildew sur les vignes françaises fut très rapide et bientôt il envahit toutes les contrées vignobles ; nous le combattons encore actuellement en Champagne.

Caractères de la maladie

Au point de vue de la forme, le mildew diffère un peu de l'oïdium : les plaques blanchâtres, irrégulières, qu'il forme *à la face inférieure* des feuilles, ne rappellent que de loin l'aspect duveteux de l'oïdium. *Il n'a pas l'odeur de moisi*, attaque rarement les tiges et presque jamais les raisins mûrs (1) ; enfin, il apparaît plus tard que l'oïdium et le plus souvent à l'automne. — Aux plaques blanchâtres de la face inférieure des feuilles correspondent à la face supérieure, des gaufrures brunâtres d'un aspect très caractéristique.

Comme l'oïdium, le mildew résiste à l'hiver et les conditions atmosphériques qui lui sont le plus favorables, sont la chaleur et l'humidité. Il attaque indifféremment tous les cépages.

Traitement du mildew

Sulfatage

On combat le mildew par l'application, sur les feuilles, de matières semi-fluides ou liquides, à base de *cuivre*.

1° La plus employée des compositions utilisées avec succès pour ce traitement est la *bouillie bordelaise* qui doit son nom à sa consistance et à la région où on l'a d'abord employée.

On la préparait, à l'origine, d'après la formule suivante :

(a)
- Sulfate de cuivre... 8 kilogs.
- Chaux vive....... 15 kilogs.
- Eau froide....... 130 litres.

Ce mélange donnait un précipité bleu clair au fond du vase où l'on opérait la préparation ; la bouillie obtenue était agitée au moment de s'en servir pour remettre le précipité en suspension dans l'eau.

On a reconnu aujourd'hui qu'il n'est pas indispensable d'employer des doses de sulfate de cuivre et de chaux aussi élevées qu'elles le sont dans cette pre-

____

(1) Un parasite qui s'attaque aux grains et que l'on a désigné sous le nom de *mildiou du grain*, appartient à une autre espèce, le *brown rot*. Il est apparu cette année en Suisse et MM. Prillieux et Viala l'ont parfaitement étudié en France, à Confolens. Les moyens de préservation contre le brown rot sont les mêmes que ceux qu'on emploie contre le mildew.

mière formule et l'on prépare aujourd'hui la bouillie, en Champagne, suivant la formule plus simple :

(b)	Sulfate de cuivre...	2 kilogs.
	Chaux vive........	1 kilog.
	Eau froide	100 litres.

pour les premiers traitements de la saison.

Et enfin, pour les traitements ultérieurs, qui nécessitent une action plus énergique :

(c)	Sulfate de cuivre...	3 kilogs.
	Chaux vive........	2 kilogs.
	Eau froide........	100 litres.

La bouillie bordelaise doit être répandue en aspersion sur les feuilles de façon à y former de petites taches de la grandeur d'une lentille. Il n'est pas nécessaire d'asperger le dessous des feuilles, bien que les efflorescences blanchâtres du parasite se montrent à cetteface inférieure ; on doit au contraire, s'attacher à bien atteindre toute la surface supérieure des feuilles.

L'application de la bouillie, ou *sulfatage*, devra se faire deux ou trois fois, du printemps à l'automne ; le premier traitement s'exécute *avant la floraison*, c'est-à-dire vers les premiers jours de juin, en y employant la formule *(b)* ; le second traitement, se fait, *trois semaines environ après le premier*, avec la préparation indiquée à la formule *(c)* (1).

Le Directeur-Gérant : G. DUBRULLE.

---

(1) Il est entendu que, si l'invasion du parasite prend des proportions considérables, on doit répéter plusieurs fois encore le traitement.

Epernay — Imp. J. DUBREUIL

COURS D'AGRICULTURE, DE VITICULTURE
ET D'HORTICULTURE

AGRICULTURE ET HORTICULTURE
(SUITE)

Les sels de fer

Le *fer* est un des éléments minéraux les plus répandus dans la nature, il entre dans l'alimentation végétale (v. p 44) pour une part dont l'importance varie avec les espèces de plantes, mais il est nécessaire à toutes les plantes, aussi doit-on tenir un grand compte de sa présence dans le sol. Nous savons qu'en viticulture, par ex. (v. p 92) une terre renfermant une proportion de fer insuffisante met la vigne dans les conditions les plus favorables à la chlorose ; nous sommes donc amenés à étudier le rôle des *sels de fer* d'abord comme *aliments* pour les végétaux, puis comme *toniques stimulants* dans le cas des maladies telles que la chlorose de la vigne et aussi comme *destructeurs de parasites*.

Le sulfate de fer

Le *sulfate de fer* qui réunit toutes ces propriétés, est devenu un précieux auxiliaire de l'agriculture depuis qu'on a reconnu les services multiples qu'on pouvait lui demander :

1° Employé comme *engrais chimique* et seul, il donne, dans un grand nombre de cas, une notable augmentation des récoltes, surtout dans les sols calcaires. Mélé aux autres engrais, il en accentue les effets et c'est ainsi que sa réunion aux phosphates de chaux, par. ex., produit souvent des résultats supérieurs à l'emploi des superphosphates.

2° Son action, comme *tonique reconstituant*, dans la chlorose de la vigne, est incontestable (v. p. 93).

3° Répandu sur le sol et légèrement enfoui, soit au printemps, soit à l'automne, à doses assez fortes, il sert de préservatif contre le *mildew*. C'est le véritable spécifique contre *l'anthracnose* (v. p.) et ses bons effets ont été aussi constatés contre le *pourridié*.

Semé à la volée sur les prairies, c'est le destructeur par excellence *des mousses et des prêles*. Enfin on l'utilise avec avantage contre les *larves des insectes*, telles que la *cochylis*, la *pyrale*, etc.

Son mode d'emploi

Lorsqu'on veut employer le sulfate de fer comme *engrais*, la dose à appliquer est de 100 à 300 kilogs par hectare ; comme *spécifique contre les cryptogames parasites* (mildew, pourridié) 300 à 1500 kilogs par hectare, à l'état de sel.

Pour *la chlorose*, on a recours à la même quantité, sauf dans le cas où on emploie le sel en solution et alors le liquide est préparé au titre de 1 à 2 o|o.

Pour *l'anthracnose*, au contraire, le liquide est saturé, c'est-à-dire qu'on le prépare au titre de 50 o|o.

Dans les applications contre *les larves d'insectes*, on utilise le sulfate de fer en saupoudration ou en pulvérisation liquide. Dans le premier cas, les insectes atteints par la poudre sont tués instantanément et l'action du sel se continue après sa fusion dans la terre ; dans le second cas, la solution à 10 o[o produit les mêmes effets.

Le sulfate de fer coûte actuellement 6 à 7 fr. les 100 kilogs.

Cendres pyriteuses

Les *cendres pyriteuses*, noires, rappelant l'aspect de la tourbe et constituées par un mélange de débris végétaux et de sulfate de fer, sont employées, comme matières fertilisantes, au même titre que le sulfate de fer ; elles renferment 15 à 30 o[o d'humus et se trouvent dans le commerce aux prix de 50 fr. les 100 kilogs. Leur composition en fait un excellent engrais, en particulier pour les vignobles en sol calcaire.

Valeur vénale des engrais

L'agriculteur a grand intérêt à se rendre compte de la valeur des engrais qu'il achète, surtout quand il s'agit d'engrais commerciaux ; aussi doit-il toujours faire ses achats *sur analyse*, c'est-à-dire faire établir, avant d'en payer le prix, la valeur chimique de ses engrais. Cette valeur est subordonnée à la proportion d'azote, d'acide phosphorique, de potasse et de chaux, seuls éléments utiles; les prix sont aussi nécessairement variables avec *l'assimilabilité* plus ou moins grande, la *provenance* et l'*état de division* des matières fertilisantes (v. p. 50).

On calcule la *valeur vénale* d'un engrais en attribuant à chaque élément de fertilité le prix commercial bien établi des substances qui ne renferment qu'un seul principe utile : ainsi le prix du sulfate d'ammoniaque peut servir de base pour évaluer le prix du kilogramme d'azote dans les sels ammoniacaux ; le prix du superphosphate pour celui du kilogramme d'acide phosphorique soluble etc.

Dans ces conditions, le cours moyens des substances fertilisantes est actuellement :

Pour le kilogramme d'azote assimilable   2 fr. 5
     id.   d'acide phosphorique   1 fr.
     id.   de potasse,   0 fr. 80
La chaux, toujours fort peu coûteuse, vaut environ 0 fr. 02 cent. le kilogramme.

EMPLOI DES ENGRAIS. — FUMURES

1° *Emploi du fumier seul*

Quand le *fumier* est transporté sur les champs, il faut avoir soin de l'épandre peu de temps après qu'il a été apporté plutôt que de le laisser séjourner en petits tas. Cette opération qui doit se faire, autant que possible, dès le lendemain, sera suivie par un labour appliqué au sol quelques jours après.

L'usage du fumier *en couverture*, suivi par certains agriculteurs, présente, en effet, malgré les avantages qu'on lui attribue, le défaut de faire éprouver une perte énorme en principes utiles gazeux et solubles, surtout dans les climats pluvieux.

L'enfouissement du fumier immédiatement après son apport dans les champs doit donc être préféré à toute autre méthode : un terrain bien fumé dans ces conditions s'en ressent pendant deux et trois ans, si l'on a soin d'alterner les cultures pour ne pas l'épuiser brusquement.

Quantités de fumier à employer seules

La quantité moyenne de fumier, à employer pour la fumure complète d'un hectare de terre doit être de 30000 à 40000 kilogs environ.

On considère en effet, comme une faible fumure 20000 kilogs à l'hectare ; comme une fumure moyenne 40000 kilogs à l'hectare et, dans certains cas de culture épuisante, on emploie, comme *forte fumure*, 60000 kilogs de fumier à l'hectare.

Mais la fumure au *fumier seul* est alors très onéreuse et, comme il résulte d'expériences faites sur un bon fumier de ferme, que 60000 kilogs contiennent en moyenne 60 kilogs d'azote réél assimilable, 125 kilogs d'acide phosphorique et 60 kilogs de potasse réelle, nous verrons qu'on peut, dans de meilleures conditions de prix, obtenir un résultat équivalent soit par l'emploi exclusif des engrais chimiques, soit, mieux encore, par la *fumure mixte* dans laquelle les engrais chimiques viennent compléter le fumier.

2° Emploi des engrais chimiques seuls

Les engrais chimiques étant toujours, comme nous l'avons vu, sous la forme pulvérulente, sont d'un emploi extrémement facile et peu dispendieux. Ils se répandent à la volée, soit qu'on les destine à être incorporés au sol par un labour, soit qu'on les utilise *en couverture*, comme nous l'avons indiqué (p. 99) pour le nitrate de soude.

Quantités d'engrais chimiques à employer seules.

Si l'on veut apporter dans le sol les quantités d'azote, d'acide phosphorique et de potasse pouvant représenter, dans la pratique agricole, la fumure au fumier seul, on vient de voir que, pour remplacer 60.000 kilogs de fumier, on doit employer des quantités d'engrais chimiques correspondant aux taux suivants :

Azote réel assimilable............ 60 kilogs.
Acide phosphorique assimilable... 125 kilogs.
Potassse réelle assimilable...... 60 kilogs.

D'après M. Grandeau, ces résultats s'obtiennent en appliquant, en nombres ronds, les poids suivants de matières fertilisantes :

AZOTE

Nitrate de soude............ 1.920 kilogs.

ACIDE PHOSPHORIQUE :

Phosphate minéral en poudre, 710 kilogs.
Ou bien, superphosphate, 1.300 kilogs.
Ou encore, scories de déphosphoration, 945 kilogs.

POTASSE

Chlorure de potassium, 756 kilogs.
Ou bien kaïnite, 3.150 kilogs.

3° Fumure mixte.

Engrais chimiques complémentaires du fumier.

Le fumier apporte à la terre, en même temps que les principes minéraux nécessaires à l'alimentation végétale, la matière organique qui, en se transformant en humus, joue un rôle des plus importants au point de vue de l'amendement et de la fertilisation du sol. Malheureusement, nous ne produisons en France que très peu de fumier relativement à la quantité nécessaire pour l'entretien de la fertilité du sol. D'autre part, l'emploi exclusif des engrais chimiques fournit bien aux plantes les principes nécessaires à leur nutrition, mais n'apporte pas trace d'humus dans le sol, d'où ce résultat que, si on répète les fumures à l'engrais chimique seul dans une terre, celle-ci devient de plus en plus compacte.

Les meilleurs résultats sont donc donnés par l'association des deux fumures, c'est-à-dire qu'on doit employer le système de la fumure mixte, comprenant l'emploi du fumier complété par les engrais chimiques.

Nous résumons, dans les deux tableaux ci-dessous, (1) les formules de fumure équivalente au fumier seul, ou aux engrais chimiques seuls et les quantités d'engrais complémentaires à employer dans la fumure mixte.

____

(1) D'après M. Grandeau.

1° Quantités d'azote, d'acide phosphorique et de potasse, remplaçant le fumier de ferme :

Fumier de ferme	Dans les engrais chimiques		
	azote	acide phosphor.	potasse
Pas de fumier...........	60 kilogs	125 kilogs	60 kilogs
20,000 kilogs de fumier	40 kilogs	83 kilogs	40 kilogs
40,000 kilogs de fumier	20 kilogs	42 kilogs	20 kilogs
60,000 kilogs de fumier	0 kilog	0 kilog	0 kilog

2° Quantités d'engrais chimiques à employer comme engrais complémentaires du fumier, par hectare :

Fumier de ferme	Nitrate de soude.	Scories	phosph. minéral	Super-phosph.	Kaïnite	Chlorure de potas.
Pas de fumier......	390 k.	765 k.	765 k.	690 k.	510 k.	120 k.
20,000 k. de fumier..	260 k.	510 k.	510 k.	460 k.	340 k	80 k.
40,000 id. ..	130 k.	255 k.	255 k.	230 k.	170 k	40 k.
60,000 id. ..	0 k.	0 k.	0 k.	0 k.	0 k.	0 k.

VITICULTURE

(SUITE)

2° Dans les climats secs, on préfère à la bouillie bordelaise, la composition liquide désignée sous le nom *d'eau céleste*. On l'obtient en faisant agir sur une dissolution de sulfate de cuivre, l'ammoniaque liquide du commerce ; il se produit un précipité d'oxyde de cuivre qui a la propriété d'adhérer fortement aux feuilles et d'y persister longtemps.

La formule la plus employée pour sa préparation est :

(d)
Sulfate de cuivre...	1 kilog.
Eau chaude........	4 litres.
Ammoniaque de commerce...	1 kilog, 500 gr.

On verse l'eau chaude sur le sulfate assez lentement pour en opérer la dissolution complète, puis on y mêle l'ammoniaque et enfin on ajoute de l'eau froide en quantité suffisante pour faire 200 litres.

3° On emploie aussi fréquemment, en Bourgogne, une solution *d'hydrocarbonate de cuivre* que l'on obtient en faisant agir le carbonate de soude ou de potasse sur le sulfate de cuivre.

Cette dernière composition présente l'avantage d'être à très bon marché parce que les cristaux de soude coûtent moins cher que l'ammoniaque. La préparation se montre sous l'aspect d'un liquide laiteux, blanc verdâtre, dans lequel le précipité reste longtemps en suspension et qui, par conséquent, n'a pas besoin d'êtrcontinuellement agité comme l'eau céleste. En outre, ce précipité est très adhérent et persiste aussi longtemps que celui des autres compositions.

Une bonne formule pour la préparation de l'hydrocarbonate de cuivre est :

	Sulfate de cuivre................	1 kilog.
(c)	Carbonate de soude du commerce	2 kilogs
	Eau froide...................	100 litres.

Toutes les solutions cuivriques sont répandues sur les vignes en pluie fine au moyen d'appareils spéciaux appelés *pulvérisateurs*.

Un pulvérisateur comporte en général, un réservoir portatif, porté sur le dos de l'ouvrier, et dans lequel le liquide est comprimé par une pompe à main de façon à être projeté par un tube de dégagement que dirige l'ouvrier.

La disposition des pulvérisateurs varie beaucoup. Chaque année apporte quelque perfectionnement nouveau dans la construction de ces appareils dont on trouve d'excellents modèles à bon marché.

Remarque.

Il est assez rare que les vignes aient à souffrir, en même temps, des atteintes de l'oïdium et du mildew. Pourtant, le cas peut se présenter et l'on a songé à chercher un traitement qui pût convenir à combattre à la fois les deux parasites : MM. Quantin et Katz ont fait, dans ce sens, un certain nombre d'expériences dont les résultats ont amené M. Quantin à recommander la formule suivante :

(f) { Sulfate de cuivre.............. 1 kilog.
{ Sulfure de sodium du commerce. 1 kilog.
{ Eau froide................... 100 litres.

Suivant que l'un ou l'autre des parasites est en excès, on peut modifier la formule dans l'un ou l'autre sens :

1° Pour l'excès d'oïdium:

(g) { Sulfate de cuivre.... 1 kilog.
{ Sulfure de sodium... 1 kilog, 250.
{ Eau froide.......... 100 litres.

2° Pour l'excès de mildew :

(h) { Sulfate de cuivre.... 1 kilog, 250.
{ Sulfure de sodium... 1 kilog.
{ Eau froide.......... 100 litres.

Ces trois dernières formules comportent l'emploi d'un nouvel agent. *le sulfure de sodium*, mais le prix de revient du traitement n'en est pas plus élevé parce que le sulfure de sodium vaut en moyenne 0 fr. 90 c. le kilog.

On a proposé de l'employer, pour combattre l'oïdium seulement, à raison de 1 kilog. ou 1 kilog. 500 par hectolitre d'eau et en comptant 300 litres de liquide à l'hectare. Dans ces conditions, le traitement coûte, au maximum, 4 fr. par hectare.

C. Le Pourridié ou Morille

Le pourridié est un des parasites de la vigne le plus anciennement connus ; il porte communément, dans nos régions, le nom de *morille*, mais ce terme est impropre parce qu'il désigne un autre champignon très différent de forme et de mode d'existence (1). Le nom scientifique du pourridié est *Dematophora necatrix* : c'est un champignon qui s'attaque *aux racines* de la vigne, tandis que les tiges et les feuilles restent saines. Il se développe facilement dans les sols très-humides.

Caractères de la maladie

Les racines de la vigne atteinte sont saturées d'eau, brunes, et ne tardent pas à tomber en pourriture ; la plante tout entière prend un aspect rabougri.

Le champignon s'étale entre l'écorce et le bois de la racine pour y former des plaques feutrées émettant dans tous les sens des filaments blanchâtres, floconneux qui se répandent dans le sol autour de la vigne malade. Ces filaments donnent naissance à des faisceaux d'autres petits filaments bruns, de 1 millimètre au plus de haut et qui sont les organes fructificateurs.

Traitement du pourridié. Assainissement du sol

Il n'existe pas de traitement direct pour le pourridié en raison de son lieu même d'élection.

On ne peut le combattre qu'en modifiant la nature du sol pour lui enlever son excès d'humidité, résultat qu'on obtient par *l'affouillement du sous-sol* ou par un bon *drainage* (2). Il est prudent aussi

---

(1) *Morchella esculenta*, la morille comestible.
(2) V. au cours d'agriculture. Travaux de préparation du sol.

d'arracher les racines atteintes et de les brûler sur
place : on devra, en outre, laisser l'emplacement ainsi expurgé, sans culture pendant quelques années parce que le Dematophora peut vivre très b en sur la
pomme de terre, la betterave ou les haricots que l'on
aurait plantés dans le lieu d'où on croirait l'avoir extrait.

D. L'anthracnose

L'anthracnose est encore un des parasites les plus
anciens de la vigne, elle était connue déjà au XVIII°
siècle en France, on l'a désignée successivement sous
les noms divers de *charbon, rouille noire, anthracnose*.
Son nom scientifique est *Sphaceloma ampelinum*. C'est
un champignon qui vit dans l'intérieur des tissus de
la vigne et forme, au dessous de l'épiderme, des plaques de filaments enchevêtrés donnant naissance aux
appareils qui portent les spores.

Caractères de la maladie

Elle se manifeste sur les rameaux par de petites tâ-
ches isolées, brunes, qui s'étendent et deviennent noires puis se creusent et prennent définitivement l'aspect
de ce que les jardiniers appellent *le chancre*. Les sarments ainsi atteints se rabougrissent et deviennent
cassants ; les feuilles se dessèchent et tombent, ou bien,
quand elles résistent, se déforment et prennent un aspect gaufré. Parfois les fleurs et les fruits sont eux-
mêmes attaqués.

L'anthracnose se développe facilement dans les terrains humides où elle trouve à la fois les conditions
de chaleur et d'humidité qui lui sont nécessaires.

Traitement de l'anthracnose. Assainissement du sol et applications sulfureuses

On emploie avec avantage, pour combattre l'an-thracnose, l'assainissement du sol par le *drainage*, et comme traitement direct, des applications de liquides ou de poudres à base de soufre. Ainsi l'on badigeonne à la fin de l'hiver et après la taille, les ceps tout entiers avec une dissolution concentrée de *sulfate de fer* qu'on applique à chaud et qu'on prépare de la façon suivante :

Sulfate de fer, 50 kilogs.
Acide sulfurique, 1 litre.
Eau bouillante, 100 litres.

On verse l'acide sur le sulfate, puis on ajoute l'eau.

Ce liquide est répandu soit avec un pinceau, soit avec un pulvérisateur. Il n'offre aucun danger malgré sa concentration et la température élevée à laquelle on l'emploie ; et il a, en outre, l'avantage de pouvoir être appliqué même lorsque les bourgeons sont près de s'ouvrir. Le traitement a alors pour effet de retarder d'une quinzaine de jours la reprise de la végétation ce qui est important au point de vue des gelées tardives et même on lui attribue la propriété d'éloigner les escargots qui mangent les jeunes bourgeons de la vigne.

Un autre procédé consiste à traiter l'anthracnose par un mélange pulvérulent de *soufre* et de *chaux*. Ces matières employées dès l'apparition de la maladie, donnent de bons résultats.

II. *Parasites animaux.*

Les parasites animaux les plus répandus sont :

PARMI LES INSECTES

La *Cochylis* (ver de vendange).
La *Pyrale* (ver de l'été).
L'*Eumolpe*, (gribouri, écrivain).
L'*Attelable* (bèche, lisette).
Le *Phylloxera*.

PARMI LES ARACHNIDES

Le *Phyloptus vitis* (érinose).

PARMI LES MOLLUSQUES

L'*Hélice vigneronne*, (escargot) et les *limaçons*.

A. *La cochylis*

La *cochylis (Cochylis ou Tortrix roserana)* est un insecte de l'ordre des Lepidoptères (papillons). Sa larve est l'ennemi le plus redoutable des grappes de la vigne, on la désigne communément sous le nom de *ver de vendange.*

Cette petite chenille, reconnaissable à sa teinte rougeâtre et malpropre, à sa tête noire brillante, se trouve d'abord en juin dans les fleurs de la vigne dont elle dévore les organes de fructification, en pénétrant successivement dans tous les boutons qu'elle rapproche avec des fils de soie ; puis une seconde fois, *en août et septembre*, dans les grappes de raisin ; elle s'attaque alors aux grains dont elle perce l'enveloppe pour en manger le contenu, en passant rapidement d'un grain à l'autre jusqu'à destruction complète de la grappe entière.

C'est, en effet, que la cochylis a *deux généra-tions par an* ; elle passe l'hiver sous les écorces, à l'état de nymphe enfermée dans un cocon de soie grise.

Le papillon apparaît en *avru-mai*, il a les ailes blanc jaunâtre, traversées par une bande brune et pointillées de rouge brun ; il ne mesure guère que 10 à 11 millimètres de long sur 15 millimètres d'envergure quand il vole. La ponte a lieu immédiatement et les œufs sont déposés en plaques sur les jeunes p ousses et sur les grappes.

La larve éclôt 12 jours après la ponte et tout de suite elle se rend sur les boutons de fleurs dont elle mange les étamines et les ovaires ; on voit alors ces boutons desséchés, réunis par trois ou quatre au moyen des fils de soie tissés par les chenilles Six semaines après sa naissance, la larve a atteint toute sa taille et se dispose à se transformer en chrysalide ; elle a, à ce moment 10 millimètres de longueur, son corps de couleur rose-violet, présente une mince ligne jaune le long du dos.

La nymphe a seulement 5 à 6 millimètres de long, elle est de couleur brune et s'enferme dans un cocon blanc, allongé.

La première métamorphose en chrysalide ayant ainsi lieu en juin, de nouveaux papillons apparaissent en *juillet* et la nouvelle ponte donne une seconde génération de larves qui éclosent en août et septembre. C'est alors que le ver de vendange commet les dégâts importants dont nous avons parlé plus haut, en s'attaquant aux raisins arrivés ou non à leur maturité.

Traitement de la cochylis. — Emploi du sulfate de fer

Un moyen efficace pour combattre la cochylis est d'écraser avec soin les grappes attaquées, mais ce travail n'est pas praticable dans la grande culture.

On a recommandé aussi de vendanger à la fin du mois d'août dans les vignes où on a constaté la présence de l'insecte parce que le raisin étant ainsi enlevé avant que les ravages soient bien considérables, on évite, en partie, les pertes qui en résultent. On détruit, du même coup, toutes les chenilles qui sont dans la vigne et qui hiverneraient à l'état de nymphe, car nous avons vu plus haut que la première génération de larves subit très vite ses métamorphoses tandis que la seconde passe toute la saison d'hiver dans l'engourdissement, sous les écorces ou dans le sol.

Enfin le procédé le moins onéreux et le plus pratique consiste dans des aspersions de *sulfate de fer*, en solution à raison de 10 kilogs de sel pour 100 litres d'eau. Les larves atteintes par le liquide meurent au bout de quelques instants.

Le Directeur-Gérant : G. DUBRULLE.

Epernay. — Imp. J. DUBREUIL

COURS D'AGRICULTURE, DE VITICULTURE
ET D'HORTICULTURE

AGRICULTURE ET HORTICULTURE
(SUITE)

TRAVAUX DE PRÉPARATION DU SOL A LA CULTURE

Un sol est dit *en friche* quand il est couvert de sa végétation sauvage et n'a jamais été soumis à la culture, exemple : *les landes.* On étend encore cette désignation aux terrains boisés qu'on veut rendre cultivables.

En général, il est nécessaire de faire subir aux terrains qu'on destine à la culture, des travaux préparatoires ayant pour but de leur enlever les plantes inutiles qui s'y sont développées, les cailloux encombrants et l'excès d'eau qu'ils renferment. Ces opérations préliminaires, indispensables quand on veut tirer immédiatement profit des terres depuis longtemps inutilisées, se divisent en trois séries principales :

A. Défrichement et écobuage.
B. Défoncement et épierrement.
C. Assainissement et amendement (1).

A. Défrichement et écobuage.

Le *défrichement* des landes consiste à extirper avec leurs racines, toutes les herbes et plantes diverses que contient le sol, puis à les brûler sur place et mêler leurs cendres à la terre. Cette opération qui, dans ce cas particulier est appelée *écobuage* (1), se fait en enlevant par tranches la croûte superficielle avec le gazon et les plantes : on réunit ces mottes en tas ou *fourneaux* que l'on brûle lentement pour en répartir ensuite les cendres sur le sol et les y mêler par un labour.

Pour les terres boisées, le défrichement consiste, après l'abatage des arbres et l'enlèvement des souches, à extraire les racines qui sont restées en terre, à les brûler et incorporer leurs cendres au sol en y ajoutant de la chaux. Cette addition de chaux est un amendement nécessaire pour corriger l'acidité propre au sol très humifère des forêts (v. p. 20).

B. Défoncement et épierrement.

On entend, par *défoncement* du sol, un labour exécuté profondément (0 m. 50 cent. environ) à la bêche, à la pioche ou à la charrue et tendant à ramener à la surface une grande partie des éléments du sous-sol.

Mêlées à la terre végétale, ces substances en augmentent l'épaisseur et rendent à cette couche épuisée les qualités productives que lui ont enlevées les plantes inutile (v. p. 8 et 22). Le défoncement est suivi de l'*épierrement* qui consiste à extraire les gros cailloux et les fragments de roche dont le trop grand volume peut être un obstacle aux travaux de culture.

---

(1) Nous avons traité (p. 23 et suiv.) la question de l'amendement du sol.
(2) De *Ecobu*, nom donné dans l'ancien Anjou, aux terres en friche.

6. Assainissement du sol

Les opérations *d'assainissement* ont pour but d'enlever à la terre l'eau qui y séjourne en trop grande abondance.

L'assainissement est donc indispensable dans les terres à sous-sol imperméable (v. p. 21 et 22). Les différents procédés mis en usage pour atteindre ce résultat sont :

1° les rigoles d'égouttement,
2° les fossés d'écoulement,
3° le drainage,
4° les labours profonds ou l'affouillement du sous-sol.

1° les rigoles

Les *rigoles* d'égouttement sont des sillons de 20 à 40 centimètres de profondeur, creusés à la surface du terrain dans le sens de sa plus grande pente. On les trace à la bêche, à la houe ou mieux encore à la charrue.

2° les fossés

Le deuxième procédé, celui des *fossés* d'écoulement, consiste à pratiquer de larges et profondes tranchées dans la région la plus basse du terrain en y faisant aboutir d'autres fossés plus petits creusés dans le sens des pentes. Ces fossés, tracés à ciel ouvert, ont l'inconvénient d'enlever à la culture une grande surface de terre arable et d'exiger de fréquents travaux de curage. On leur préfère, avec raison, le procédé du drainage dont les résultats plus complets et durables sont aussi plus fructueux à tous les points de vue.

3° le drainage (1)

Ce mode d'assainissement, très perfectionné de nos jours et rendu très pratique dans ses applications,

---

(1) de l'anglais « drain », rigole, fossé ; « drainage » action de dessécher par des rigoles.

repose sur l'emploi de conduits souterrains pour l'éva-
cuation rapide et régulière de l'eau qui imprègne le
sol.

Travaux d'exécution

Le *drainage* le plus simplement établi consiste en
fossés creusés comme les précédents jusqu'à la surface du sous-sol imperméable, mais remplis ensuite
de cailloux et comblés enfin avec la terre retirée de
l'excavation. Cette manière de faire laisse à désirer en
ce que la terre, entraînée par l'eau, obstrue assez rapidement les lits de pierres et l'eau cesse bientôt de
s'écouler. On remplace souvent les cailloux par des
rascines de menus branchages qui s'encombrent
moins facilement de terre.

Mais le procédé le plus parfait réside dans l'usage
de tuyaux en terre cuite ou *drains* de 0 m. 30 cent. à
0 m. 40 cent. de longueur sur 0,04 à 0,05 cent. de
de diamètre.

On creuse des fossés étroits en y ménageant une
pente convenable (0 m. 002 à 0 m. 005 millimètres par
mètre) et on y place les tuyaux bout à bout, ou mieux
en les reliant par des manchons ; puis on comble les
fossés, d'abord avec des cailloux ou la terre du sous-
sol, et ensuite avec la terre végétale. Ces tuyaux forment ainsi des aqueducs souterrains qu'on dispose
généralement en lignes parallèles.

On les enterre à une profondeur variant de 0 m. 75
à 1 m. 30 et on espace les lignes de 8 à 15 mètres les
unes des autres, sauf lorsque le champ à drainer est
très humide, on rapproche alors les lignes en augmentant leur nombre. Enfin, les drains ordinaires viennent déboucher dans des drains collecteurs placés
dans les régions les plus basses du champ et, pour
ces lignes de déchargement, on emploie des tuyaux de
même longueur mais d'un plus grand diamètre (0,06
à 0,10 centimètres) que celui des drains ordinaires.

Si la superficie du terrain est considérable, il est
bon d'établir en plusieurs endroits, des *regards* ou

tuyaux verticaux qui permettent de s'assurer du bon fonctionnement des drains.

En outre, on garnit l'entrée des drains collecteurs de grilles en fer pour empêcher les petits animaux d'entrer dans les tuyaux et pour prévenir les obstructions.

Effets avantageux du drainage.

Les avantages du drainage sont :

1° de faire égoutter les terres trop humides et, par suite, de les assainir ;

2° de permettre à l'air d'arriver facilement jusqu'aux racines des plantes.

3° de maintenir dans le sol une fraîcheur convenable en été, d'empêcher son refroidissement en hiver.

4° de favoriser les opérations du labour.

Les frais d'installation ne dépassent pas 200 fr. par hectare et la fabrication mécanique des tuyaux fait baisser chaque année leur prix de revient. Il est donc certain qu'on pourra bientôt drainer un hectare pour 150 fr. au maximum.

Cette dépense une fois faite et les frais d'entretien étant nuls, le rapport d'une terre drainée fait sûrement rentrer l'agriculteur dans son avance de fonds.

Aussi ne se borne-t-on pas à appliquer le drainage aux terres fortes et grasses sur lesquelles l'eau séjourne trop longtemps, mais aussi aux terres arables ordinaires. Elles y gagnent, en effet, d'être moins humides en hiver et moins sèches en été ; elles peuvent être ensemencées plus tôt au printemps et plus tard en automne, enfin la maturité des plantes s'y fait dans de meilleures conditions.

La servitude d'aqueduc

La loi donne au propriétaire qui veut drainer son terrain, le droit de traverser, moyennant une juste indemnité, les champs qui le séparent du cours d'eau le plus voisin, pour conduire les eaux de drainage hors de sa propriété. C'est ce qu'on appelle la *servitude d'aqueduc.*

Emploi des eaux de drainage

On peut utiliser les *eaux de drainage,* soit pour les abreuvoirs à bestiaux, soit pour les lavoirs ou même les fontaines publiques. Ces eaux sont très limpides parce qu'elles ont été forcément filtrées avant d'arriver dans les tuyaux.

4° *Affouillement du sous-sol, labours profonds.*

Quand un sol marécageux doit sa mauvaise qualité à la présence d'un sous-sol argileux, pr. ex., on peut, si la couche d'argile n'est pas d'une épaisseur trop considérable, tenter un défoncement profond de ce sous-sol, jusqu'à la rencontre d'une assise sous-jacente perméable.

Cet *affouillement du-sous sol* qui s'exécute à la bêche, à la pioche ou à la charrue par des labours profonds, suffira, dans certains cas, pour l'assainissement du sol arable; mais il n'offre pas les avantages importants du drainage.

Les irrigations, le colmatage

Une terre franche qui réunit tous les éléments indispensables et dans les meilleures proportions voulues, sera néanmoins impropre à la culture si elle est dépourvue d'eau. Le sol doit offrir un degré d'humidité suffisant pour fournir l'eau nécessaire aux fonctions de nutrition de la plante et pour permettre la diffusion des matières fertilisantes. Il est donc nécessaire de le maintenir en cet état d'humidité utile par des arrosages qu'on désigne, en grande culture, sous le nom *d'irrigations.*

Quand, sur certains sols sableux et stériles, on fait

séjourner longtemps l'eau chargée de limon pour les fertiliser, l'opération prend le nom de *colmatage*.

Effets avantageux des irrigations

Les eaux employées pour les irrigations doivent être en quantité suffisante et de bonne qualité : il faut environ 1000 mètres cubes d'eau pour irriguer à fond un hectare et la meilleure est l'eau courante.

Les irrigations offrent l'avantage :

1° de prévenir les funestes résultats de la sécheresse prolongée.

2° d'établir, dans le sol, une bonne répartition des matières fertilisantes.

3° de faire périr une partie des plantes nuisibles qui envahissent les terres cultivées.

4° d'empêcher, en hiver, le refroidissement excessif du sol.

Méthodes d'irrigation

Les irrigations s'appliquent soit aux terres arables, soit aux prairies. On les pratique de trois manières :

1° par ruissellement ou écoulement continu,

2° par submersion,

3° par imbibition ou infiltration.

1° Irrigation par ruissellement

Dans l'irrigation *par ruissellement* ou à *écoulemen continu*, un fossé principal, *ou canal de dérivation*, reçoit la prise d'eau d'un cours d'eau situé à la partie la plus élevée du terrain et la verse, à son tour, par de petits *canaux de distribution*, dans des rigoles creusées parallèlement au canal de dérivation. Celui-ci ne doit avoir qu'une pente très faible, un demi-millimètre par mètre environ, soit 0,01 centimètre par 20 mètres; sa largeur et sa profondeur sont calculées d'après l'étendue des terres à arroser, son parcours est déterminé par la configuration du terrain dont le canal occupe nécessairement la région la plus élevée. Les rigoles dérivant des canaux de distribution sont espacées de 10 à 15 mètres ; de petits barrages établis avec des mottes de gazon, y retiennent l'eau à volonté et l'obligent à déborder sur l'espace de terrain qui sépare les rigoles les unes des autres. Enfin, un fossé *de décharge*, situé dans la partie la plus basse du terrain, reçoit l'excès de l'eau qui n'a pas été employée.

2° *Irrigation par submersion*

Le procédé d'irrigation *par submersion* n'est guère employé que dans les régions méridionales où on l'applique à toutes sortes de cultures autres que celle des plantes fourragères, par ex. : la culture du riz ; il consiste à inonder complètement le sol. Les terrains qu'on veut irriguer par submersion sont étagés par compartiments d'un niveau aussi parfait que possible ; chacun de ces compartiments est entouré d'un rebord ou bourrelet de terre qui permet de maintenir l'eau à volonté, ou bien on entoure le champ tout entier d'un mur assez élevé pour le transformer en un grand bassin dans lequel on introduira l'eau par une vanne établie sur un cours d'eau voisin (1)

3° *Irrigation par imbibition*

L'irrigation *par imbibition* ou *infiltration* se pratique surtout dans les sols sableux, plus sujets que tous les autres, à souffrir de la sécheresse. Pour cela, on établit de distance en distance des fossés qu'on tient habituellement à sec et qu'on remplit à volonté pour y retenir l'eau qui, au lieu de se répandre sur la surface du sol, s'y infiltre souterrainement par les parois des fossés. La nature poreuse du sol lui permet

---

(1) Nous verrons, en viticulture, pratiquer ce mode de submersion contre les attaques du phylloxera.

de s'imbiber partout et de rester humide si l'on a soin de renouveler l'eau à mesure qu'elle est absorbée par la terre environnante.

Remarque.

Il est souvent profitable d'irriguer copieusement les terres drainées, car on n'a pas à redouter les eaux stagnantes et la perméabilité du sol suffit à maintenir la circulation d'humidité qui est la meilleure condition de succès pour la culture.

Grâce à cette combinaison de l'irrigation et du drainage, on a pu, dans des sols sableux et absolument stériles, obtenir annuellement par hectare, 80,000 kilogs d'un gazon épais valant 20,000 kilogs de foin ordinaire et changer ainsi un terrain aride en une grasse prairie alimentée d'un côté par les principes fertilisants que lui apportait l'eau et de l'autre, par la décomposition des mousses et mauvaises herbes que l'irrigation fait périr.

TRAVAUX ARATOIRES

Instruments et machines.

Les travaux agricoles nécessitent l'emploi d'instruments divers. Quelle que soit l'importance d'une culture, son succès dépend en grande partie du degré de perfection des outils employés pour modifier les propriétés physiques du sol ; aussi voyons-nous apporter chaque jour les perfectionnements mécaniques les plus remarquables dans le matériel usité en agriculture. Nous nous bornerons à citer ici les principaux instruments sans entrer dans la description minutieuse de ceux dont la construction varie continuellement avec les modifications nouvelles qu'on y apporte.

1° Les outils employés le plus fréquemment dans la

petite culture, celle qui se fait à bras, sont : *la bêche,
la fourche*, remplaçant la charrue ; *la pioche, la houe*,
pour les défrichements et les labours où la charrue
ne peut être appliquée ; le *hoyau* ou *béchard*, très
usité dans les vignobles pour les façons à donner aux
vignes ; *la faux, la faucille, le fléau*, utilisés pour les
récoltes, et dont la construction est fort simple.

La bêche, la fourche, la pioche sont connus de tout
le monde et n'ont pas à être décrites ; la *houe* diffère
de la pioche par son fer large, plat, carré et angu-
leux, par son manche plus court ; le *hoyau* est une
houe à deux longues dents plates, à manche recourbé,
c'est l'instrument favori du vigneron pour le *béchage*
et les *façons* qu'il donne à sa vigne.

2° Les instruments utilisés dans la culture qui se
fait à l'aide d'attelages sont : *la charrue*, le plus utile
de tous les instruments aratoires, le *buttoir, l'extirpâ-
teur, le scarificateur, la herse et le rouleau*.

VITICULTURE

(SUITE)

B. La pyrale

La *pyrale (Tortrix vitana* ou *Onectra pillerariana)* appartient au même ordre que la cochylis ; c'est un petit papillon nocturne qui cause ses ravages dans les vignes alors qu'il est à l'état de chenille. celle-ci est alors désignée sous les noms vulgaires de *ver de l'été, tordeuse, ver à tête noire.*

De tous les parasites de la vigne, c'est le plus anciennement connu et l'un de ceux qui causent le plus de dégâts. Ainsi rapporte-t-on que de 1856 à 1862, les récoltes des meillleurs crûs de la Champagne ont été anéanties et aujourd'hui encore on estime que, chaque année, un tiers environ de la récolte des vins fins est enlevée dans le seul arrondissement de Beaune (Côte-d'Or), perte évaluée à plus d'un million de francs.

L'évolution de la pyrale se fait en un an, *de juillet en juillet* ; la chenille, sortant de l'œuf, cherche d'abord à s'établir un abri pour l'hiver, (car c'est sous cette forme de larve que l'insecte passe la mauvaise saison, et bien qu'elle ne soit encore qu'en juillet-août, elle se procure déjà le gîte où elle séjournera pendant les froids. C'est alors qu'on voit les chenilles suspendues au bord des feuilles par un fil de soie, balancées au moindre vent qui les pousse et leur permet de s'accrocher au cep lui-même ou à l'échalas. Alors, elles s'introduisent dans les fentes de l'écorce du cep, dans les fissures de l'échalas, elles s'y tissent un cocon de 5 à 6 millimètres de long, ovoïde, grisâtre, dans lequel elles restent immobiles jusqu'au printemps.

Au commencement de mai, l'année suivante, les chenilles quittent leur coque et grimpent sur les bourgeons dont elles retiennent les feuilles par quelques fils de soie.

Ce réveil des larves se fait en 15 ou 20 jours et successivement on les voit augmenter en nombre avec le développement de la plante.

A la fin de mai, elles ont atteint tout leur développement et mesurent environ 1 centimètre de longueur, elles quittent l'extrémité des rameaux pour envahir les feuilles et les grappes qui commencent à paraître et les enveloppent de leur fils pour s'y construire un abri dans lequel elles vont se métamorphoser en nymphes. La production de ces fils entrave la floraison et par suite la fructification des grappes qui n'ont pas été mangées par la larve.

Le *papillon* apparaît en *juillet*, petit, jaune-mordoré, aux ailes présentant des taches et des bandes transversales brunes ; il mesure 1 centimètre environ de longueur sur 2 centimètres d'envergure, quand il vole. On le voit voltiger le soir d'un cep à l'autre. Il pond ses œufs, au nombre d'une soixantaine, les uns à côté des autres, sur la face supérieure des feuilles ; ces œufs sont hémisphériques, d'une coloration vert-pomme au moment de la ponte et brun un peu plus tard.

La *larve* éclot 9 ou 10 jours après la ponte et nous

avons vu tout à l'heure qu'elle se met aussitôt en quête de son abri d'hiver. A l'éclosion en août, c'est une petite chenille de 2 millimètres de long ; à l'époque de son complet développement, *dans les derniers jours de mai*, elle peut atteindre 1 centimètre et demi. On la reconnaît à sa couleur vert-jaunâtre, aux bandes longitudinales vertes et aux points blancs surmontés d'une soie qu'elle porte le long du dos ; sa tête et noire. Arrivée à cette taille et blottie au milieu des feuilles qu'elle a enroulées, elle passe à l'état de nymphe.

La *chrysalide* a 1 centimètre de longueur, elle est brun marron, portant de petites épines implantées sur le bord des anneaux et munie à son extrémité postérieure de huit petits crochets. L'insecte ne reste sous cette forme que pendant une quinzaine de jours.

Au commencement de *juillet*, l'enveloppe de la nymphe s'ouvre et donne passage au papillon décrit plus haut.

Traitement de la pyrale

Ebouillantage

Différents procédés ont été préconisés pour la destruction de la pyrale, soit qu'on s'attaque au papillon ou qu'on veuille combattre sa chenille.

1° On a conseillé l'emploi en juillet, de *petits feux* allumés le soir et répandus sur toute la surface du terrain infesté : la lumière attirant les papillons, les amène à se brûler à la flamme ou à se prendre à des pièges qu'on dispose au-tour des foyers et formés simplement de planches couvertes d'huile grasse ou de peinture fraîche.

2° Un autre moyen de destruction consiste à faire à deux reprises, en juillet, à quinze jours de distance, *la cueillette des feuilles portant les pontes* et à les brûler ; mais ce procédé est incomplet et défectueux.

3° On a proposé *l'écorçage* qui s'obtient en frottant avec force les ceps au moyen d'outils spéciaux, brosses ou gantelets en fer et en faisant suivre l'opération d'un badigeonnage à l'aide d'un liquide insecticide. Ce travail se fait l'hiver.

4° Les aspersions de *sulfate de fer* pratiquées dans les mêmes conditions que pour le traitement de la cochylis, en avril-mai, ont donné de bons résultats.

Pratique de l'ébouillantage

Traitement des ceps

5° Enfin, le meilleur remède et, jusqu'ici, le plus efficace, est *l'ébouillantage*, dont le principe consiste à asperger d'eau bouillante les ceps et les échalas, ou à diriger sur eux, par le moyen d'appareils appropriés, un jet de vapeur d'eau à haute température. On fait ainsi périr, dans leur coque d'hiver, les chenilles cachées sous l'écorce ou dans les fissures du bois.

Pour l'emploi de l'eau bouillante, on se sert de petites chaudières portatives à foyer intérieur permettant d'obtenir rapidement de l'eau à 100°; cette eau est puisée dans des récipients en forme de cafetière qui servent à la verser sur les ceps. L'ouvrier chargé du feu peut en même temps remplir les récipients vides et les passer aux femmes et aux enfants chargés de l'ébouillantage. Ces récipients contiennent environ 1 litre, ils ont une double enveloppe qui empêche la déperdition du calorique et sont munis d'un bec effilé.

Le versage s'opère en commençant de bas en haut et en remontant lentement le long du cep jusqu'au dessous du premier bourgeon *qu'il faut éviter d'atteindre*, puis on redescend jusqu'au point de départ. Pour un cep de petite dimension, 1 litre suffit et même une seule aspersion, tandis que pour des ceps plus grands, il faut, dans certains cas, plusieurs litres.

La température d'au moins 80° à laquelle est ainsi portée l'écorce du cep suffit à détruire les chenilles dans leurs coques; l'opération se fait *l'hiver*, ou *au début du printemps* avant que les premiers bourgeons se soient gonflés et avant que les chenilles ne soient sorties de leurs cocons.

Le procédé d'ébouillantage pour la vapeur surchauffée est moins facilement applicable en raison des difficultés que présente l'installation des appareils sur le lieu où l'on doit les employer ; il serait, sans ces empêchements matériels, plus efficace que le premier.

Traitement des échalas

Il importe de faire subir aux échalas un traitement analogue à celui des ceps, parce qu'ils servent de retraite à un très grand nombre de larves. On peut employer ici plus facilement *l'échaudage par la vapeur surchauffée*. Les appareils imaginés dans ce but se composent essentiellement d'une chaudière produisant de la vapeur, avec cette modification que, dans le tuyau de fumée, convenablement élargi, on a disposé un petit serpentin dans lequel circule la vapeur provenant de la chaudière. Cette vapeur acquiert ainsi une surélévation de température, en moyenne 120° et elle est alors amenée par un tube, dans une grande caisse de bois où l'on a empilé 250 à 300 échalas. La mort de tous les insectes est certaine à 80° ou 90° de température, il suffit donc de vider la caisse et de la remplir d'une nouvelle quantité d'échalas.

On a construit d'autres appareils, dits *thermophores* supprimant l'emploi de la vapeur d'eau, et consistant essentiellement en une grande caisse de tôle partagée en 2 compartiments : dans l'un de ces compartiments se trouve un foyer, dans l'autre on emmagasine les échalas.

Enfin, on a recommandé les *pyrophores*, construits sur le type de la lampe à souder des ferblantiers, alimentés avec de l'huile minérale et permettant de diriger un jet de flamme à haute température tout le long de l'échalas : mais ces appareils ne sont pas encore très répandus.

C. L'eumolpe

L'eumolpe (*Bromius vitis*) désigné communément sous les noms de *gribouri*, *écrivain*, est un petit insecte de l'ordre des Coléoptères. Son nom de « gribou-ri » lui viendrait, dit-on, des deux mots *grippe-bourre*, (mangeur de bourgeons) ; celui d' « écrivain » est dû à ce que l'animal trace, en rongeant le parenchyme des feuilles, des fentes linéaires rappelant les traits de l'écriture cunéiforme.

L'eumolpe est très nuisible à la vigne parce qu'à l'état d'insecte parfait, il ronge les feuilles en y découpant comme à l'emporte-pièce, ses trous caractéristiques, et que sous la forme larvaire, il s'attaque aux racines de la plante.

L'insecte parfait est d'une longueur de 5 millimètres, sa tête et son thorax sont velus, noir gris ; ses élytres ferrugineuses, striées ; ses pattes brun-rougeâtre. On le trouve sur les feuilles de la vigne de *juin en août*. Il pond, à cette époque, une trentaine d'œufs, légèrement allongés et amincis à l'une de leurs extrémités, jaunâtres et le plus souvent placés dans les anfractuosités du cep, au voisinage du sol.

La larve éclot 10 jours après la ponte et s'enfonce en terre pour atteindre les racines qu'elle perfore. Elle a le corps blanc, composé de 12 anneaux qui portent tous de longs faisceaux de soies sur les côtés ; sa longueur est d'environ 8 millimètres. Elle se tient le plus souvent courbée comme la larve du hanneton, et passe, sans modifications, l'automne et l'hiver jusqu'au mois de *mai* de l'année suivante, époque à laquelle elle se transforme en nymphe. A cet effet, la chenille quitte la racine sur laquelle elle avait vécu dans les sillons longitudinaux qu'elle y traçait, puis creuse dans la terre une petite loge arrondie sans se filer de cocon particulier.

La nymphe est blanche, ornée de soies comme la larve, elle rappelle la forme de l'insecte parfait qui sort d'ailleurs de son enveloppe au mois de *juin*.

(A suivre).

Le Directeur-Gérant : G. DUBRULLE.

Epernay. — Imp. J. DUBREUIL

COURS D'AGRICULTURE, DE VITICULTURE
ET D'HORTICULTURE

COURS DE PREMIÈRE ANNÉE

AGRICULTURE ET HORTICULTURE

(SUITE)

La Charrue

La Charrue est un instrument qui sert à couper la terre, à la soulever et à la retourner en même temps pour ramener à la surface les parties profondes du sol : les bonnes charrues sont construites de façon à pénétrer assez profondément dans la terre pour exposer à l'air la plus grande quantité possible de la couche arable ; elles retournent complétement les mottes qu'elles soulèvent et déracinent ainsi les mauvaises herbes, enfin elles brisent ces mottes pour faciliter l'action des agents atmosphériques.

Ses principaux organes

Les parties essentielles de la charrue sont :

A. *le soc*, pièce de fer aciéré, triangulaire, aplatie, qui sert à entamer le sol horizontalement à mesure que la charrue avance ;

B. *le versoir ou oreille*, pièce de fer en forme de spirale allongée, faisant corps avec le soc et servant à retourner la bande de terre soulevée ;

C. *le coutre*, forte lame en forme de couteau, placée en avant du soc et coupant verticalement la terre que le soc détache ensuite horizontalement ;

D. *le talon ou sep*, pièce de bois dur, glissant sur le fond du sillon et supportant tout l'appareil par deux montants appelés *étançons* ;

E. *l'âge ou flèche*, qui constitue le corps ou timon de la charrue et qui sert à l'attelage. Sur l'âge son fixées les différentes pièces qu'on vient de voir et, en outre, une paire de poignées, *les mancherons*, que le laboureur tient pour diriger l'instrument ;

F. enfin, *un régulateur*, placé à la partie antérieure de l'âge, sert à régler la profondeur du sillon en augmentant plus ou moins l'enfoncement du soc dans la terre.

Certaines charrues sont munies d'un *avant-train*, c'est-à-dire de deux roues réunies par un essieu et placées en avant de l'âge. Mais on a reconnu que cette complication n'est pas utile et on adopte de plus en plus les charrues sans avant-train, ou *araires*.

Principales charrues

La charrue la plus estimée est celle qu'inventa *Mathieu de Dombasle* ; c'est un araire simple qui donne les effets les plus grands en exigeant le moins d'efforts de traction.

Après la charrue Dombasle viennent : la charrue *Ransome*, tout en fer, avec avant-train mobile monté sur deux roues d'inégal diamètre et qu'on peut supprimer à volonté ; les charrues de *M. Didelot*, et de

Mettray, à régulateur perfectionné ; le *Brabant* double de Picardie, composé de deux araires superposés de façon qu'aux tournants, le laboureur n'a qu'à retourner sa charrue sens dessus dessous ; la *charrue fouilleuse* de *M. Demesmay*, sans versoir et servant à ameublir le sol sans le retourner, dans le seul but de faciliter le passage des eaux ; enfin les différents modèles de charrues à plusieurs socs, comme le *trisoc* de *M. Casanova*, formé par l'assemblage de trois charrues parallèles.

On applique, dans le midi, la charrue à la culture de la vigne. A cet effet, les pièces principales, soc et versoir, sont modifiées, diminuées et souvent disposées par paires ; telle est la forme que présente la charrue *La Loyère*, destinée au labourage des vignobles .

Buttoir

On appelle *buttoir*, une charrue à double versoir, d'écartement variable et rejetant la terre également à droite et à gauche. On l'emploie dans la culture des plantes qui ont besoin d'être *buttées*, c'est-à-dire entourées de terre jusqu'à une certaine hauteur, comme le maïs, la pomme de terre, les haricots, etc. Il sert aussi à ouvrir les rigoles d'assainissement.

L'extirpateur

L'*extirpateur* est un châssis de bois triangulaire, à deux rangées de socs sans versoir, ce qui le fait ressembler à la herse que nous verrons plus loin. Il sert à ameublir le sol qu'il remue superficiellement sans le retourner et surtout à le débarasser des mauvaises herbes telles que le chiendent, d'où son nom d'extirpateur.

Le scarificateur

Le *scarificateur* ne diffère du précédent appareil qu'en ce que les socs y sont remplacés par des coutres, en plus ou moins grand nombre, qui coupent la terre verticalement sans la déplacer. Il est très utile dans les sols compacts durcis par la sécheresse, pour les préparer avant le premier labour à la charrue ; ou bien pour défricher les terres couvertes de bruyères ou encore les vieilles prairies artificielles ou naturelles qu'on veut rendre au labour.

La herse

La *herse* est composée d'un châssis de bois, triangulaire ou quadrangulaire, à plusieurs rangées de dents en bois ou en fer, droites ou légèrement courbes. Ces dents tracent sur le sol des raies peu profondes et rapprochées qui ont pour résultat d'ameublir la terre après le labour en brisant les mottes ; de ramasser les mauvaises herbes déracinées par la charrue et enfin de recouvrir les graines après les semailles.

La herse *Valcourt*, très estimée, est formée par la réunion de plusieurs herses de forme quadrangulaire formant un appareil de 1 mètre de largeur sur 1 m. 50 de long et dont les parties, indépendantes les unes des autres, suivent d'autant mieux les sinuosités du terrain.

Enfin, un dernier perfectionnement est réalisé par la *herse couleuvre* de M. Puzenat, constituée par des chaînons de fer armés de dents et qui, par sa forme simple et sa mobilité, se prête à toutes les inégalités de la surface du sol.

Le rouleau

Le *rouleau* est ordinairement un cylindre de bois dur, de pierre ou de fonte, tournant autour d'un axe dont les extrémités se rattachent à un brancard d'attelage. Quelquefois il est formé d'un certain nombre de cercles en fer passés tous dans un axe commun, tel est le *rouleau squelette* anglais ; ou encore de cercles qui sont dentés en scie à leur circonférence, comme dans le rouleau *Croskill*, justement estimé.

Le rouleau sert à écraser les mottes de terre que la herse n'a pas divisées, il est utile pour égaliser la surface du sol avant les semailles en ligne faites au semoir et pour tasser les sols légers ou raffermir les racines soulevées par les gelées : c'est ainsi qu'à la fin de l'hiver, on *roule* les blés pour les raffermir et les faire *taller* davantage.

Les labours

Les *labours* sont les travaux agricoles les plus importants de tous ; ils ont pour but d'ameublir la couche arable en l'ouvrant aux influences des agents atmosphériques (air, eau, chaleur). En favorisant l'absorption des principes fertilisants contenus dans les engrais que les labours mélangent à la terre végétale, ils mettent le sol dans les conditions les plus convenables aux plantes cultivées et, en même temps ils nettoient ce sol en détruisant les mauvaises herbes.

Conditions d'un bon labour. — Époques convenables

Les conditions d'un bon labour à la charrue sont : que le sillon ouvert soit parfaitement droit, net, et partout d'une égale profondeur ; que la bande de terre levée par le soc ne soit ni trop large ni trop étroite ; que la profondeur du sillon soit réglée sur la largeur même qu'on veut lui donner. (1)

Pour satisfaire à toutes ces conditions, les labours doivent être exécutés aux époques convenables, quand le sol n'est pas trop sec ou trop humide.

C'est généralement en *automne* et au *printemps* qu'on les exécute en se gardant surtout de labourer la terre quand elle est trop humide ; faute de quoi elle

---

(1) Elle sera, par exemple dans le rapport de 3 à 2, c'est-à-dire que, pour une largeur de 0 m 12 cent. qu'on aura adoptée, on donnera une profondeur de 0 m. 18 cent. Ce rapport varie d'ailleurs avec la nature du terrain et le genre de plantes qu'on veut cultiver.

est *gâtée*, pour l'année, c'est-à-dire qu'elle ne peut être ramenée, que l'année suivante, au degré voulu d'améublissement. Les labours d'automne, en particulier, sont faits pour ameublir ; ceux qui ont pour but la destruction des mauvaises herbes se font aux différentes époques voulues par la nature de ces herbes qu'il faut détruire avant qu'elles n'aient produit leurs graines.

Principaux genres de labours

Un labour profond de 0 m. 30 centimètres à 0 m. 50 centimètres est un *défoncement* (v. p. 130). On a soin, quand on l'exécute, de mettre à part la couche superficielle riche en humus, pour la répandre ensuite sur la surface qui a été défoncée et mêlée aux éléments du sous-sol.

Le labour *à plat*, dans lequel la terre est toujours retournée du même côté, de telle façon que les sillons soient les uns près des autres sans interruption, est celui qu'on pratique dans les terres légères, ou humifères, ou encore dans les sols drainés. C'est le plus simple et le meilleur.

Le labour *en planches*, qui consiste à pratiquer de distance en distance, de profondes rigoles pour l'écoulement des eaux, s'emploie surtout dans les terres humides en pente douce.

Le labour *en petits billons* ou *à dos* qui ne diffère du précédent qu'en ce que les sillons sont plus rapprochés et la terre bombée en dos d'âne dans les bandes intercalaires, est aussi pratiqué pour les terres fortes, humides, non drainées.

Ces deux derniers modes, quoique très usités, ont le grave défaut de faire perdre une grande surface à la culture ; ils laissent, en effet, au milieu de chaque billon et dans chaque rigole bordant les planches, une partie improductive. En outre, s'ils gênent déjà beaucoup l'action des instruments aratoires ordinaires, ils empêchent tout à fait l'usage des machines agricoles à l'aide desquelles la peine et le prix de revient sont notablement diminués (1).

Façons

On appelle *façons* les diverses opérations que l'on fait subir au sol, après le labour, pour le maintenir bien meuble, bien nettoyé et en bon état d'entretien pendant le temps qui sépare les semailles de la récolte. Elles se donnent le plus souvent au printemps, mais on les répète fréquemment dans le cours de l'année suivant le genre et les besoins de la culture.

Le hersage, qui suit les labours et se pratique à l'aide des différentes herses, est la première façon servant à l'ameublement de la surface du sol.

Le *binage* qui se fait à la houe, est une façon que l'on donne à la main pour ameublir le sol autour des plantes, autour des pieds de vigne, par exemple.

Le *sarclage*, ayant pour but la destruction des mauvaises herbes qui peuvent nuire aux plantes cultivées en ligne (pommes de terre, betteraves,) se donne à la main avec la houe ; ou, dans la grande culture, à l'aide de l'extirpateur ou du scarificateur.

Le *buttage*, destiné à relever la terre autour des plantes qui demandent à être *rechaussées* se fait en accumulant la terre autour du pied de ces plantes, soit avec la houe soit avec le buttoir : c'est ainsi qu'on plante les pommes de terre et le maïs, dans la grande

---

(1) Ce sera donc un grand progrès que de substituer à la culture en planches ou en petits billons, la culture à plat dans les terres humides et fortes. On le réalisera avec le drainage de ces terres ou par la culture à plat avec labours profonds. Pour cela, on labourera *à plat* avec une bonne charrue suivie d'une charrue fouilleuse, sans versoir, qui ameublira le sous-sol au dessous de la couche labourée sans en ramener les éléments à la surface.

Cette pratique aura pour principal résultat, de donner au sol une plus grande facilité d'absorption pour l'eau ; cette eau, imbibant un plus grand volume de terre, conservera tous les principes fertilisants entraînés en grande partie dans la culture en billons ; à l'été, elle remontera par capillarité et reportera aux racines ces principes fertilisants avec l'humidité nécessaire. Enfin le labour à plat permet l'emploi des machines agricoles.

culture, en lignes assez espacées pour permettre cette façon au buttoir ; dans la petite culture, le buttage se fait à la houe de divers modèles.

Les Semailles.

Les *semailles* consistent à répandre sur le sol les grains qui doivent y germer et à les enterrer à une certaine profondeur. Cette profondeur varie avec la grosseur des graines et avec la température, ainsi on doit enterrer plus profondément les semis de printemps quand la température est chaude et le sol meuble.

L'époque la plus favorable pour chaque genre de semailles varie aussi chaque année avec l'état de le température ; il vaut mieux cependant semer tôt que tard.

Il y a deux manières de semer : à la *volée*, c'est-à-dire à la main, et au *semoir*, en lignes.

Dans le premier procédé, la semence doit être répartie aussi également que possible sur toute la surface du champ. Le semeur doit marcher d'un pas régulier, être habile et attentif ; enfin les semailles doivent se faire par un temps calme.

L'ensemencement au semoir, au contraire, peut se faire par tous les temps, il offre l'avantage de distribuer les graines en lignes régulières qu'on peut espacer à volonté, il permet de les enfouir toutes à la même profondeur soit seules, soit mêlées à un engrais en poudre si c'est nécessaire, il économise un tiers au moins de la semence et joint la rapidité d'exécution à la régularité.

Le *semoir* est un coffre en bois traversé par un axe porté sur deux roues. Dans ce coffre, on place le grain qui en sort d'une manière égale par des tubes de tôle ou de fer blanc, tandis que la machine avance, trainée par un cheval. L'extrémité de chaque tube a la forme d'un petit soc qui trace une raie dans laquelle se placent les graines.

Conditions pour que le sol soit en état de recevoir la semence

Le sol n'est dans les conditions voulues pour recevoir la semence que lorsqu'il est bien ameubli, c'est-à-dire rendu perméable à l'air, à la chaleur et à l'eau ; quand il est convenablement amendé et fumé, bien nettoyé et débarrassé de ses mauvaises herbes.

Choix des semences

Le choix des graines est une question très importante car il faut employer, autant que possible, des semences pures, c'est-à-dire sans mélange avec d'autres graines de plantes inutiles ou nuisibles. En général, les semences nouvelles sont préférables aux anciennes ; on recherchera celles qui proviennent de plantes saines et vigoureuses et, dans certains cas, on trouvera avantage à planter des semences provenant d'un autre lieu et par conséquent d'un autre terrain et d'un autre climat.

Ce qu'on entend par taux 0/0 de pureté et de faculté germinative

Mais il ne dépend pas toujours du cultivateur de semer les variétés de graines les mieux appropriées à son sol et au climat de sa localité, il lui est quelquefois impossible de s'en procurer d'autres, même médiocres, que celles qui sont admises dans l'agriculture locale. Il devra alors faire ses graines lui même en choisissant au moment de la moisson, les pieds les plus vigoureux, les plus mûrs et portant les plus beaux grains ; il recueillera ces grains et pour le blé, par exemple, quelques centaines d'épis choisis de cette façon, lui fourniront de quoi ensemencer l'année suivante une étendue considérable. S'il est forcé d'acheter la semence, il peut en la *triant* après l'avoir criblée, s'assurer de la proportion des graines inutiles qu'elle contient, ou, en d'autres termes, de *son taux pour cent de pureté*.

Et pour connaître enfin, dans quelle proportion cette semence possède la *faculté germinative*, il pourra employer le procédé fort simple de l'essai « sur flotteurs » en faisant germer un nombre déterminé des grains dont il voudra vérifier la qualité (1)

Stations agronomiques, d'essais de semences, laboratoires agricoles

D'ailleurs, il sera toujours possible au cultivateur qui se fournit dans le commerce, de faire examiner un échantillon des semences qu'il achète, en les envoyant à l'un des bureaux crées dans ce but en 1884. Un de ces bureaux, dit *station d'essais de semences*, est établi au siège de l'Institut agronomique de Paris. Des stations agronomiques et des laboratoires agricoles existent, en outre, aujourd'hui, dans tout nos départements.

(A suivre).

---

(1) L'essai sur flotteurs se fait en plaçant à la surface d'un baquet plein d'eau une ou deux planchettes de liège ou bois léger couvertes de mousse qui se tient constamment humide. On sème dans cette mousse un nombre déterminé des grains dont on veut connaître la faculté germinative et, après quelques jours, lorsque tous ceux qui peuvent germer ont émis une petite racine, on compte ceux qui n'ont pas germé. La proportion entre les bons et les mauvais grains es la même pour la quantité totale de semence que pour le petit nombre de grains essayés ; d'après cela, on augmentera ou diminuera la quantité de semence à employer pour une surface de terrain donnée.

VITICULTURE

(SUITE)

Procédés de destruction de l'eumolpe

Le gribouri est difficile à combattre parce que d'abord, son existence larvaire, souterraine, le rend insaisissable à ce moment. Il n'existe, en outre, aucun procédé pratique de destruction pour l'insecte adulte parce que sa grande timidité rend sa chasse impraticable : au moindre bruit, il contracte ses pattes, fait le mort et se laisse tomber sur le sol où il est impossible de le découvrir.

On a recours, pour l'insecte parfait, au moyen employé pour d'autres animaux du même genre et qui consiste à le faire tomber dans de vastes récipients en toile que l'on passe rapidement au dessous des ceps; encore ce moyen n'est-il efficace qu'à condition de l'employer au matin, alors que les insectes sont encore plus ou moins endormis par la fraîcheur de la nuit.

On peut également secouer les ceps pour faire tomber les eumolpes et charger des poules, menées dans la vigne, de rechercher cette proie dont elle sont friandes.

Enfin, pour combattre la larve, on peut recommander l'emploi du sulfure de carbone en injections dans le sol, aux mêmes conditions que nous le verrons, plus loin, appliquer au traitement du phylloxera.

D. L'Attelabe

L'attelabe (*Rhynchites Betuleti*) parasite du bouleau, s'attaque également à la vigne. Il porte les noms divers de *bêche*, *liselte*, *cunche*, etc.

C'est un petit coloptère d'un bleu-vert brillant et lisse, sa tête se prolonge en un bec assez long, ses pattes sont d'un vert bronzé.

L'insecte parfait apparaît de *juin en août*, il ronge les feuilles pour s'en nourrir et, quand arrive le moment de la ponte, il attaque le pétiole des feuilles jeunes pour les détacher partiellement de la tige ; ces feuilles se flétrissant et devenant plus molles, l'insecte les roule en forme de cigare et y pond sept ou huit œufs.

La *larve* éclot 8 ou 10 jours après la ponte, elle ronge le parenchyme de la feuille qui lui sert d'abri et atteint, en quinze jours, tout son développement. Son corps est alors blanchâtre, *sans pattes*, et présente une longueur de 4 à 5 millimètres. A ce moment, elle se laisse tomber sur le sol et y pénètre jusqu'à une profondeur de 3 à 4 centimètres ; là, elle se creuse une loge ovale dans laquelle, *en septembre*, elle se transforme en chrysalide.

La *nymphe*, d'un blanc sale, fortement courbée, est couverte de soies abondantes et porte des yeux de couleur brune. Elle donne, en octobre, naissance à l'insecte parfait qui se cache pour passer l'hiver et attendre l'année suivante.

Procédé de destruction de l'attelabe

Il n'existe qu'un seul moyen employé pour combattre l'attelabe, c'est la cueillette, en août, des feuilles roulées et leur destruction immédiate ; mais ce procédé, très insuffisant, offre l'inconvénient de ne diminuer en rien les dégâts commis tout en n'amoindrissant pas beaucoup le nombre des insectes pour les années suivantes.

E. Le Phylloxera

Le *phylloxera* (*Phylloxera vastatrix*) appartient au groupe des Pucerons (ordre des Hémiptères).

D'origine américaine, découvert en 1854, il existe à l'état normal sur les vignes sauvages et cultivées de l'Amérique du Nord ; on l'a signalé en France dès 1863 et ses ravages n'ont fait que s'accroitre depuis. On le rencontre aujourd'hui dans tous les vignobles français.

Comme les autres pucerons, le phylloxera présente plusieurs formes, les unes aériennes, les autres souterraines.

Il est doué d'une remarquable puissance de reproduction et c'est ainsi que nous verrons un seul individu donner naissance, pendant l'été, à huit ou neuf générations successives.

Pour bien comprendre avec quelle rapidité ce seul insecte peut *en une saison*, couvrir plusieurs pieds de vigne de sa progéniture innombrable, il est nécessaire de suivre minutieusement toutes les phases de la vie de l'insecte en notant successivement les formes différentes qu'il revêt au cours de son existence :

A. — Si l'on arrache, *au printemps*, un pied de vigne attaquée par le parasite, on voit, (assez facilement à l'œil nu et très bien à la loupe), de petits insectes ovoïdes, de couleur jaune verdâtre, au corps long de 1/2 à 3/4 de millimètre, fixés sur les racines par leur bec allongé, enfoncé profondément dans les tissus de la plante. Ces individus sont *dépourvus d'ailes*, ils se montrent très nombreux à la surface des racines et des radicelles, dans le repos le plus absolu.

B. — Mais, en même temps qu'ils pompent la sève,

ils pondent isolément un certain nombre d'œufs par jour et ces œufs, s'accumulant autour de chaque mère-pondeuse, éclosent successivement, une huitaine de jours après leur ponte, pour donner naissance à des individus semblables à la mère. Très vifs à leur éclosion, ces nouveaux individus se répandent sur les racines, en quête des plus tendres, se fixent en y enfonçant leur suçoir et entrent dans le repos pour pondre bientôt, dans les mêmes conditions que tout à l'heure, une trentaine d'œufs. (1).

C. *En Juillet*, c'est-à-dire à la saison chaude, un certain nombre de ces jeunes individus d'origine souterraine ne prennent pas la forme massive et ovoïde des mères-pondeuses, ils s'allongent au contraire, et présentent une coloration brunâtre ; sur les côtés, ils ont des indications d'aîles ; enfin ils sont très agiles et courant à la surface des racines, ils montent le long de celles-ci pour se rapprocher du niveau du sol. Sous cette forme nouvelle, les phylloxeras sont dits à l'état de *nymphes*.

D. — Les nymphes sortent de terre et aussitôt déchirent leur peau pour en sortir sous forme *d'insectes ailés* qui grimpent sur la tige, étendent leurs ailes d'assez grande dimension et s'apprêtent à les déployer pour s'envoler, à un moment donné, tous ensemble comme le font les abeilles qui renouvellent leurs sociétés. C'est le moment de *l'essaimage*.

E. — Avec l'aide du vent, les phylloxeras ailés sont portés partout aux environs, souvent très loin du point de départ et, dans le nombre, il en est toujours qui arrivent à bon port pour eux, c'est-à-dire sur des vignes encore saines. Ils se posent sur les feuilles et pondent aussitôt, en petit nombre, des œufs de deux sortes : les uns *petits* qui donneront naissance à

---

(1) Ces faits se reproduisant sans interruption, de la fin d'avril au 15 octobre environ dans nos régions, il en résulte qu'en une saison, 20 à 25 millions d'œufs ont été pondus pour mettre au jour 25.000.000 d'individus propres eux-mêmes à la ponte.

des insectes mâles ; les autres plus gros d'où naîtront des femelles. L'essaimage ayant lieu fin juillet ou commencement d'août, nous désignerons les œufs des individus ailés sous le nom *d'oeufs d'été*.

F. — Les œufs d'été se crèvent bientôt et les petites femelles qui sont, comme les mâles, privées d'organes de digestion, n'attaquent pas du tout le végétal, elles pondent chacune *un œuf unique*, presqu'aussi gros que le corps même de la pondeuse. Cet œuf, cylindrique, vert-brun tacheté de noir, est terminé à une de ses extrémités par une sorte de petit crochet qui sert à le fixer dans une anfractuosité de l'écorce du cep. Nous l'appellerons *œuf d'hiver* parce qu'il va passer toute la mauvaise saison tel qu'il est au moment de la ponte.

G. — Dès les premiers jours du printemps, vers le commencement *d'avril*, l'œuf d'hiver éclot pour donner naissance à une nouvelle mère pondeuse (identique à celle que nous avons décrite à la phase A) qui gagne au plus vite les racines du cep sur lequel elle vient de naître et se met à pondre sans relâche comme nous l'avons vu au commencement de cet exposé.

Remarques.

1° Telle est, d'avril à novembre, l'évolution de l'insecte. Mais il ne faut pas oublier que les nymphes (décrites à la phrase C.) ne proviennent que d'un petit nombre d'individus souterrains et que les autres individus sans ailes continuent, pendant toute la durée des phases suivies par ces nymphes, leur ponte ininterrompue avec la même fécondité.

Aussi voit-on pourquoi, si faible et si débile que soit l'animal parasite, nos moyens de combat restent sans action appréciable contre un ennemi doué d'une si extraordinaire rapidité de reproduction.

2° La forme *sans ailes* vivant sur les racines de la vigne est la plus répandue, c'est celle qui existe dans nos régions. En Amérique, on la rencontre aussi sur les feuilles dans lesquelles elle forme de petites *galles* pour s'y enfermer et pondre la série de ses œufs.

3° Les grands froids restent sans action sur la marche du fléau; car à l'hiver, une partie des individus souterrains meurent, mais non pas tous, un froid même de 10 degrés au dessous de 0 n'a d'autre effet que de plonger les phylloxeras adultes dans une sorte de sommeil léthargique dont ils sortent sans aucun mal et les œufs d'hiver sont, en outre, destinés à assurer la perpétuation de l'espèce.

Caractères extérieurs d'une vigne phylloxérée
La tache phylloxérique

Quand, au milieu d'une vigne bien portante, entourée de tous les soins désirables, on voit un certain nombre de ceps, occupant un espace à peu près circulaire, offrir à des degrés différents les caractères de plantes dont la végétation s'est arrêtée;

Quand au centre de cette partie du vignoble présentant cet aspect souffreteux, on voit un ou deux ceps mourants tandis qu'autour d'eux les autres ceps sont malades et le sont de moins en moins à mesure qu'on s'éloigne du centre;

Quand enfin l'ensemble de cette région en voie de dépérissement affecte, dans le vignoble, la forme d'une *tache* en cuvette le plus généralement circulaire; *le phylloxera est dans la vigne.* Ses attaques ayant pour résultat de priver petit à petit le végétal de sa nourriture, ce sont les pieds attaqués depuis un temps plus long qui sont morts les premiers et forment le point de départ, central, de la tache phylloxérique.

(A suivre).

Le Directeur-Gérant : G. DUBRULLE.

Epernay. — Imp. J. DUBREUIL

COURS D'AGRICULTURE, DE VITICULTURE
ET D'HORTICULTURE

AGRICULTURE ET HORTICULTURE
(SUITE)

Assolement et rotation

Définition. On appelle *assolement* la division des terres en plusieurs parties ou *soles* destinées à recevoir chacune une culture particulière et on entend par *rotation* l'ordre dans lequel les plantes se succèdent et reviennent sur la même sole ; chaque récolte particulière ne revenant à la même place qu'à des époques périodiques plus ou moins éloignées.

Pourquoi il faut varier les récoltes

On comprend que, si l'on cultive une même plante pendant plusieurs années de suite sur une même partie de terrain, cette culture invariable enlève chaque année à la sole qu'elle occupe, les mêmes principes alimentaires ; aussi les rendements doivent-ils diminuer de plus en plus, comme le prouve du reste l'expérience. On est donc amené à varier les cultures et à le faire dans des conditions bien déterminées. Pour cela, il importe d'être fixé d'abord sur la dominante des végétaux qu'on veut cultiver successivement dans une même sole el d'établir sur cette base un ordre de succession rationnel. Par exemple, à des plantes possédant de longues racines (comme la betterave), et puisant leur nourriture dans les parties profondes du sol, on fera succéder des plantes à racines courtes (comme l'orge, l'avoine) et qui prennent, par conséquent, leurs aliments dans la portion superficielle du terrain ; une troisième culture de végétaux prenant la plus grande somme de leurs éléments nutritifs dans l'air (comme le trèfle) mettra ensuite le sol dans une sorte de repos qui permettra de cultiver l'année suivante, avec grand profit, un quatrième genre de plantes à racines courtes (comme le blé), puis on reprendra le même ordre de succession.

Le cultivateur doit, en un mot, varier ses cultures pour que chacune d'elles rende au sol ce que la précédente lui a enlevé. Par conséquent il doit, dans le choix de ses plantes, tenir compte de leur influence sur celles qui leur succéderont et de la nature du sol.

Plantes fertilisantes et plantes épuisantes, plantes nettoyantes et plantes salissantes

On divise, à ce point de vue, les plantes en deux séries principales :

1° Les plantes *fertilisantes, améliorantes, nettoyantes.*

2° Les plantes *épuisantes, salissantes.*

1° Les plantes *fertilisantes* sont celles qui restituent au sol, par leurs débris, plus qu'elles ne lui ont emprunté ; par exemple : le trèfle, le sainfoin et les légumineuses en général, parce que le plus grand nombre de ces espèces agricoles vivent plus aux dépens de l'air par leurs tiges et leurs feuilles qu'aux dépens de la terre par leurs racines. Tous les cultivateurs savent aujourd'hui que le trèfle et la luzerne, par exemple, croissent et atteignent leur complet développement sans le concours d'engrais azotés, dans un sol pauvre en azote, pourvu qu'il renferme les autres éléments nutritifs indispensables à l'alimentation de toutes les plantes. Dès lors, soit que ces plantes servent à nourrir des bestiaux dont le fumier retournera à la terre, soit qu'on les emploie en qualité d'engrais verts comme on le fait dans la sidération (v. p. 65) quand on enfouit des deuxièmes coupes de trèfle ou qu'on retourne une luzernière ; elles accroissent la richesse du sol en principes azotés ne coûtant rien, et c'est de là que vient le nom de plantes *améliorantes* qu'on leur attribue justement. Elle ont aussi l'avantage d'étouffer les mauvaises herbes et partagent cette qualité avec les plantes qui, comme la betterave. la pomme de terre, ont besoin d'être sarclées ; c'est pourquoi on les désigne encore sous le nom de plantes *étouffantes* et *nettoyantes*.

2° Les plantes qui appauvrissent le sol en lui empruntant plus qu'elles ne lui rendent, sont dites *épuisantes* : le colza, le lin, le chanvre, les céréales rentrent dans cette catégorie. Les céréales, considérées comme épuisantes parce que, bien qu'elles rendent au sol leur paille par le fumier, elles lui enlèvent d'autres principes, (tels que le phosphate de chaux nécessaire à la formation du grain) qui sont toujours en petite quantité dans le sol ou les engrais ; sont appelées encore *salissantes*, car ne pouvant être sarclées quand on les a semées à la volée, elles laissent pousser les mauvaises herbes qu'il est ensuite très difficile de détruire.

On voit donc comment il est nécessaire de faire succéder, dans un assolement, les plantes fertilisantes aux plantes épuisantes, les plantes netteyantes aux plantes salissantes.

Exemples d'assolements

1° *L'assolement alterne, ses avantages*

L'assolement le plus simple et le meilleur est l'assolement *alterne*, c'est-à-dire celui dans lequel alternativement les plantes améliorantes succèdent aux plantes épuisantes ; les plantes sarclées, nettoyantes, aux céréales, salissantes. La rotation peut se faire sur deux, quatre ou six années, mais l'assolement de quatre ans est reconnu pour le plus avantageux.

On peut prendre pour type de l'assolement quadriennal :

1re année :

Pommes de terre ou betteraves, plantes nettoyantes.

2me année :

Orge ou avoine, plantes salissantes.

3me année :

Trèfle, sainfoin ou luzerne, plantes améliorantes.

4me année :

Blé ou seigle, plantes épuisantes.

Et si on fait l'alternat sur six années :

1re année :

Pommes de terre, betteraves ou carottes, plantes fertilisantes.

2me année :

Orge ou avoine, plantes épuisantes.

3me année :

Trèfle ou autre fourrage, plantes fertilisantes.

4me année :

Blé ou seigle, plantes épuisantes.

5me année :

Sainfoin ou luzerne, plantes fertilisantes.

6me année :

Orge ou avoine, plantes épuisantes.

L'alternat sur deux années a l'inconvénient de ramener trop souvent les mêmes plantes salissantes qui épuisent aussi le sol ; il n'offre aucun avantage.

Bien compris, l'assolement alterne commence donc

par des plantes sarclées, culture améliorante parce qu'elle exige des travaux d'ameublissement et une assez forte fumure. L'un des effets de la fumure étant d'amener la production d'une foule de mauvaises herbes, le sarclage détruit toutes ces plantes inutiles et, en nettoyant le sol, le prépare à recevoir une culture plus délicate. La seconde année, culture de céréales qui, venant dans un terrain bien nettoyé, ne souffre pas de la végétation sauvage et n'exige pas de nouveau fumier, car les pommes de terre ou les betteraves n'ont pas enlevé au sol les mêmes principes que demande le blé, par exemple.

La troisième année est consacrée à une plante améliorante, comme le trèfle. Celui-ci, employé d'abord comme fourrage, est enfoui à sa dernière coupe, ce qui rend, pour la quatrième année, le sol propre à recevoir de nouveau une céréale.

On peut, d'ailleurs, remplacer une culture par une autre et on comprend, dès lors, toutes les facilités que l'assolement alterne donne au cultivateur pour varier ses récoltes en proportion de l'abondance ou la rareté des engrais et des fourrages, le bas prix ou la cherté de la main d'œuvre, les débouchés plus ou moins commodes par la proximité ou l'éloignement du marché, etc.

L'assolement triennal, ses inconvénients et son influence sur notre agriculture

L'assolement de trois ans ou *triennal*, qui consiste à diviser le terrain en trois soles dont chacune reçoit successivement : du blé ou du seigle la première année ; de l'orge ou de l'avoine la seconde année et reste sans culture pendant la troisième, est encore fréquemment employé, bien qu'il soit mauvais.

En effet, il introduit une année de repos sur trois et c'est une faute, car, si la terre a besoin de changement, elle n'a aucun besoin de repos. D'ailleurs pendant cette année où le sol reste sans culture, loin de se reposer, il produit de mauvaises herbes dont les graines et les racines vivaces salissent la couche arable et nuisent aux récoltes suivantes.

L'assolement triennal comprenant successivement deux récoltes épuisantes, la force productive de terres qui y sont soumises, tend à décroître plutôt qu'à s'augmenter. En outre, dans toutes les régions où on le pratique, l'alimentation des bestiaux est fondée exclusivement sur les prairies naturelles ou artificielles et sur le peu d'herbe produite par les terres *en jachère*, c'est-à-dire, au repos. Ainsi les prairies occupent-elles d'une façon permanente, une grande surface de terrain fertile qui ne rentre jamais dans l'assolement et, par suite, l'ensemble de l'exploitation ne donne-t-il que des produits de beaucoup inférieurs, en quantité et en qualité, à ceux que la fertilité du sol permettrait d'en obtenir. De là aussi un retard dans la transformation de notre agriculture, alors que l'Angleterre, l'Ecosse, la Belgique et l'Allemagne ont depuis longtemps réalisé, par des assolements rationnels, l'accroissement et la régularisation de la production agricole.

La jachère. Ses avantages et es inconvénients.

Quand la terre est abandonnée à elle-même sans aucun soin de culture pendant plusieurs années, on dit qu'elle est mise *en friche* ; les herbes sauvages y croissent spontanément et librement.

Pendant ce temps, l'eau, l'air, la gelée et le dégel agissent sur le sol pour l'ameublir et y déterminer la production de sels minéraux utiles aux plantes ; les débris végétaux provenant des mauvaises herbes se convertissent en humus et ainsi la terre peut-elle s'améliorer un peu. Mais cette amélioration ne se fait que lentement, il faut attendre un temps très long ; on l'abrège en labourant fréquemment et en mêlant au sol quelques engrais sans toutefois l'ensemencer. Dans ces dernières conditions, la terre est dite en *jachère*.

La jachère a été longtemps considérée comme nécessaire, c'est là une erreur puisque nous avons vu que le sol ne se repose pas. Laissée en jachère, la terre donne des mauvaises herbes qui font tort aux cultures suivantes et elle diminue la production de nourriture pour les bestiaux, c'est-à-diré l'engrais.

Comment on peut la supprimer ou la modifier

Quand on remplace la jachère par une culture de plantes sarclées, de racines fourragères convenablement fumées, par exemple, ou simplement par une récolte de fourrage qui donne au cultivateur le moyen de bien nourrir ses bêtes et de fumer copieusement ses champs ; la terre, loin d'y perdre, y a gagné. La jachère ne doit donc être employée que lorsqu'on manque du fumier nécessaire aux plantes sarclées ou lorsqu'elle est rendue nécessaire par l'excessive abondance des mauvaises herbes. Dans ce dernier cas même, il suffit d'une *demi-jachère*, c'est-à-dire d'une moitié de la belle saison consacrée à donner au sol quelques labours de nettoyage. Et d'ailleurs, un bon système de culture pourra, quelle que soit la nature de la terre, rendre même cette demi-jachère inutile.

Etude des principales plantes alimentaires et fourragères cultivées dans le département

Les céréales

On appelle *céréales* les plantes dont on emploie les graines pour l'alimentation régulière de l'homme et des animaux domestiques. Cette désignation ne s'étend pas aux légumes farineux (pois, haricots, lentilles, etc.) on la réserve spécialement pour les végétaux cultivés appartenant à la famille des Graminées, tels que *le blé, le seigle, l'orge, l'avoine, le maïs*, et pour une plante de la famille des Polygonées, *le sarrazin ou blé noir*.

A. *Le blé*

Le *blé* ou *froment (Triticum sativum)* tient le premier rang parmi les céréales et même parmi toutes les plantes cultivées ; son grain, converti en *farine*, nous donne un pain savoureux et nourrissant : la pellicule enveloppante du grain, ou *son*, séparée par la mouture, sert à la nourriture des animaux ; sa paille, employée pour une part à de nombreux usages domestiques (paillassons, sièges, etc. , fournit surtout la litière des bestiaux.

L'inflorescence du blé est un épi composé d'épillets placés alternativement de chaque côté d'un axe central. Chaque épillet porte trois à six fleurs qui donnent chacune un fruit ou *grain* enveloppé de petites pièces membraneuses appelées *glumelles*, l'ensemble de l'épillet est réuni dans une enveloppe de deux pièces appelées *glumes*.

Glumes et glumelles forment ce que l'on connaît sous le nom de *balle*.

Les *feuilles* longues, en lanières, ne sont pas utilisées spécialement. La *tige*, creuse ou pleine selon les variétés, constitue la *paille*.

Les racines, fibreuses, forment un chevelu étalé, et quand la plante est en plein développement, d'autres racines adventives se produisent sur la tige, on dit alors que la plante *talle*. Sur ces racines adventives dont on pourra favoriser la sortie, poussent, en assez grand nombre, de nouvelles tiges.

Les diverses variétés de blé.

Il existe de nombreuses variétés de blé qu'on peut distinguer par la forme de l'épi ; la forme et la couleur du grain variant du jaune au fauve rouge ; par la présence ou l'absence de *barbes*, c'est-à-dire de longues arêtes prolongeant les glumelles ; par la paille intérieurement vide ou pleine (1), etc. On distingue encore les blés *durs* dont le grain résiste sous la dent et montre une cassure brillante comme de la corne, et les blés *tendres* s'écrasant plus facilement et plus farineux que les précédents. (2).

---

(1) Les variétés à épis *barbus* ont la paille intérieurement pleine ; les variétés à épis *sans barbes* ont la partie intérieurement vide.

(2) On appelle *épeautres* des variétés cultivées dans le Nord et dont le grain est adhérent aux glumelles comme celui de l'orge.

Au point de vue de la culture enfin, les blés se divisent en *blés d'hiver* et *blés de printemps* ou *de mars*. Les meilleurs sont les blés d'hiver qu'on sème à la fin de l'automne, du 10 au 20 octobre, pour les récoltes de juin en août ; les blés de mars, d'un rapport toujours plus faible, servent surtout à remplacer les blés d'hiver détruits par les gelées tardives.

Les principales variétés adoptées dans nos régions sont : 1° Pour les blés d'hiver :

Le blé blanc de Flandre, sans barbes, rustique, c'est-à-dire peu sensible aux gelées ; qu'on peut semer d'octobre en novembre.

Le blé Victoria, dit blé anglais, sans barbes, sensible aux fortes gelées, mais à paille et grain très estimés. On le sème d'octobre au 15 novembre.

Le blé Chiddam, anglais, sans barbes, rustique, à grand rendement ; qu'on sème jusqu'à la fin de décembre.

Le blé poulard d'Australie, barbu, sensible aux gelées, mais à produit considérable en grain et en paille ; qu'on sème jusqu'au 15 novembre au plus tard.

De nouvelles variétés, mises chaque année dans le commerce et d'origine française, belge, anglaise ou allemande, sont adoptées ou rejetées de la grande culture suivant qu'elles s'acclimatent plus ou moins facilement. Leur énumération ne peut trouver ici sa place.

2° Pour les blés dits de printemps, les meilleures variétés sont :

Le blé bleu ou de Noë, qui doit son nom à une ferme du midi de la France où on l'a obtenu ; blé sans barbes, rustique ; pouvant se semer depuis octobre jusqu'en mars.

Le blé de Bordeaux, rouge, sans barbes, rustique, peu exigeant et très productif ; qu'on sème dans les mêmes conditions que le blé bleu.

Le Chiddam blanc de mars, à quelques barbes courtes, rustique ; à semer tôt au printemps.

COURS DE DEUXIÈME ANNÉE

VITICULTURE

(SUITE)

Caractères présentés par les racines de ceps attaqués.
Lésions causées par l'insecte.

Les racines de la vigne, ramifiées sur une assez grande étendue, se montrent, pour les ceps indemnes, *cylindriques et longues, à surface lisse* ou un peu rugueuse dans les parties les plus proches de la souche.

Le vigneron qui, chaque année, donne à sa terre les façons que nous avons décrites plus haut et qui, dans les travaux du provignage, en particulier, a observé les racines des pieds déchaussés pour l'assizelage ; sait que, en aucun cas, les racines d'un pied bien portant, ne présentent de renflements ou nodosités qui leur donnent le vague aspect d'un chapelet à grains irréguliers. Les jeunes radicelles blanchâtres, transparentes, sont nettes et gonflées de sucs, les racines plus âgées, brunes et enchevêtrées, forment un chevelu long et résistant.

Si, au contraire, on examine l'aspect que présentent les racines d'un cep habité par le phylloxera, on distingue, du premier coup d'œil, les nodosités dont nous parlions tout à l'heure ; les jeunes racines sont *renflées et déformées,,* [1] *courtes et fragiles* ; les racines

____

[1] Ces déformations rappellent, en très petit, les tubercules du Stachys (crosne du Japon) ou de la pomme de terre.

plus fortes sont spongieuses, noires et tombent en pourriture. En y regardant de plus près, à la loupe, on constate sur les renflements, la présence des insectes, (pondeuses fixées, œufs et jeunes agiles).

Le puceron, enfonçant son suçoir dans les tissus de la racine, arrête au passage les sucs puisés dans le sol et destinés à la nourriture de la plante ; ces sucs, s'accumulant au point lésé, fournissent à l'insecte une alimentation copieuse, mais les fonctions de la racine en sont peu à peu entravées et bientôt l'organe s'atrophie. En même temps que les jeunes racines cessent de se développer, les racines agées, attaquées aussi, se pourrissent et disparaissent; dès lors, le cep ne pouvant plus se procurer les matériaux nécesssaires à son existence, dépérit rapidement et meurt.

Moyens de combat usités contre le phylloxera.

Les moyens en usage pour lutter contre l'invasion du phylloxera sont de deux sortes : 1° les insecticides qui s'attaquent à l'animal lui-même ; 2° la submersion; la culture dans le sable et l'emploi des vignes américaines ; méthodes destinées à mettre les vignobles dans des conditions défavorables à la propagation de l'insecte.

1° Les insecticides.

Parmi tous les procédés insecticides proposés, deux seulement ont montré une efficacité rélative ; ils consistente dans l'emploi du *sulfure de carbone* en injections dans le sol et dans celui du *sulfo-carbonate de potassium* en arrosages.

A. Le sulfure de carbone.

Le *sulfure de carbone* est un liquide très volatil, d'odeur forte et d'un prix peu élevé permettant de l'appliquer largement. Proposé en 1872 par M. le baron Thénard, il fut essayé en 1873 par M. Monestier de Montpellier. Mais les difficultés rencontrées alors dans la pratique des injections firent d'abord négliger ces expériences qui furent reprises quelques années après par la compagnie des chemins de fer Paris-Lyon-Méditerranée. Cette importante société fit opérer de sérieuses recherches dont les résultats l'amenèrent, dans un but très louable, à fournir à bon marché, le matériel et le sulfure nécessaires aux viticulteurs menacés et encore hésitants. Depuis, l'usage de cet insecticide puissant s'est répandu et généralisé à l'exclusion presqu'absolue des autres.

Pratique des injections de sulfure dans le sol.

Les injections de sulfure de carbone se font dans le sol au moyen d'appareils spéciaux, de divers systèmes, et appelés *pals injecteurs*. Un *pal* se compose d'un réservoir cylindrique, terminé à sa partie inférieure par un tube pointu destiné à pénétrer dans le sol. Au dessus du réservoir, deux poignées permettent de saisir fortement l'appareil tandis qu'une pédale fixée au tube perforateur vient joindre l'action du pied à celle des mains pour enfoncer le pal dans le sol.

Une pompe, placée à l'intérieur du réservoir est mise en mouvement par une tige dépassant le haut du récipient, elle projette avec force dans le tube, la quantité de liquide dosée pour chaque injection. Ce liquide se répand dans le sol au fond du trou creusé par le pal, en sortant du tube par les trous latéraux qui y sont ménagés. L'instrument, construit de façon très ingénieuse, dose lui-même le liquide et dès lors la pratique des injections se ramène pour l'ouvrier à enfoncer le pal dans le sol aux points déterminés, à appuyer sur la tige de la pompe de refoulement, à retirer le pal du sol et à boucher tout aussitôt le trou laissé par le tube perforateur. Il faut, en effet, fermer cette porte ouverte par laquelle le sulfure s'évapore très rapidement dans l'atmosphère au lieu de se diffuser dans le sol.

Époque du traitement.

Dès qu'une tache plus ou moins importante est découverte, on doit commencer par la délimiter, c'est-à-dire chercher, en fouillant au pied des ceps, combien de pieds sont *plus ou moins* attaqués et déterminer exactement la ligne où les racines commencent à recevoir les premiers pucerons. Après avoir ainsi établi le contour de la cuvette phylloxérique, on injecte, à *haute dose*, du sulfure dans la région centrale, la plus infestée ; puis, sur tout le pourtour on procède à des injections *moins fortes*. De cette façon, on détruit sûrement la plus grande masse des pucerons, mais aussi la vigne est sacrifiée dans la portion traitée énergiquement. Sur le contour de la tâche, au contraire, le parasite est seulement en partie détruit et arrêté dans sa marche, mais la vigne est conservée.

L'époque à laquelle se font les traitements n'est pas fixe ; il faut seulement éviter les moments où la saison est trop humide ou trop sèche, parce que dans le premier cas, la diffusion des vapeurs se fait difficilement ; et dans le second cas, trop vite. Pour le reste du temps, on peut opérer avec succès à n'importe quelle époque, *dès qu'on a découvert la tache*, et en évitant seulement d'appliquer le sulfure *lors de la floraison ou à l'approche de la vendange*. En effet, l'un des premiers effets des vapeurs sulfureuses sur la vigne est un arrêt momentané de la végétatior, arrêt qu'on a comparé justement à une sorte de *stupéfaction du végétal*, aboutissant parfois à la coulure ou à un défaut de maturation du fruit.

Traitement d'extinction et traitements culturaux.
Traitements réitérés et traitement simple, annuel.

On entend par *traitement intensif* ou *d'extinction* celui qui consiste à injecter dans le sol, une assez grande quantité de sulfure (100 à 150 gr. par mètre carré) pour asphyxier en même temps le parasite et la vigne, c'est celui qu'on applique au centre des taches phylloxériques. *Les traitements culturaux*, au contraire, sont ceux par lesquels on injecte le sulfure à petites doses, (15 à 30 gr. par mètre carré) renouvelées pendant un certain temps, une ou deux fois à quelques

jours de distance et deux ou trois par an, de façon à
entretenir dans le sol une somme de vapeurs capable
de gêner beaucoup le développement des pucerons, et
insuffisante pour tuer la végétal. Mais les traitements
culturaux *réitérés* sont fort coûteux s'ils sont efficaces
et on les a abandonnés pour les remplacer par un
seul traitement, annuel, *simple*, à raison de 100 à 250
kilogrammes de sulfure par hectare et suivant les cas.

*Quantités de sulfure de carbone à employer
suivant les diverses circonstances.*

Les pals étant construits de façon à injecter à chaque
coup de piston, 10 grammes de sulfure, on peut
diminuer la valeur de cette injection de 1 ou plusieurs
grammes en enfilant sur la tige du piston des rondelles
disposées dans ce but. Ainsi, avec une rondelle, le pal
injecte 9 grammes ; avec deux rondelles, 8 grammes,
etc. On est ainsi complètement maître des doses que
l'on veut employer.

On fait les injections à 0m. 30 ou 0m. 40 de profondeur, à des distances de 0m. 60 à 0m. 80 environ
dans tous les sens. Dans ces conditions, le nombre de
trous par mètre carré varie suivant les circonstances
(nature du sol, sa profondeur, état de végétation des
vignes). La bonne moyenne doit être de 2 à 3 trous par
mètre carré, à 5 grammes par trou, pour les terres
de consistance moyenne. Dans les sols plus compacts,
où les vapeurs se diffusent moins facilement, on pourra
élever le nombre de trous à 4 ou 5 par mètre carré en
diminuant la dose par trou. En général, on traite à
raison de 15 grammes en moyenne par mètre carré,
soit 150 kil. à l'hectare.

Le tableau suivant, dressé par M. P. Crozier, donne,
à ce sujet, d'utiles indications :

NATURE DU SOL	PROFONDEUR DU SOL	VIGNES		
		TRÈS AFFAIBLIES	PEU AFFAIBLIES	VIGOUREUSES
Terres fortes, compactes, froides et humides.	0m 40 à 0m 50	110 kil à 120 kil	120 kil à 130 kil	130 kil. à 140 kil
	0 50 à 0 60	120 à 130	130 à 140	140 à 150
	0 60 à 0 70	130 à 140	140 à 150	150 à 160
	0 70 à 0 80	140 à 150	150 à 160	160 à 170
Terres argileuses fraîches et saines.	0m 40 à 0m 50	130 kil à 140 kil	140 kil à 150	150 kil. à 160 kil
	0 50 à 0 60	140 à 150	150 à 160	160 à 170
	0 60 à 0 70	150 à 160	160 à 170	170 à 180
	0 70 à 0 80	160 à 170	170 à 180	180 à 200
Terres légères.	0m 40 à 0m 50	160 kil à 170	170 kil à 180 kil	180 à 200 kil
	0 50 à 0 60	170 à 180	180 à 190	190 à 200
	0 60 à 0 70	180 à 190	190 à 200	200 à 210
	0 70 à 0 80	190 à 200	200 à 210	210 à 220
	0 80 et au-dessus	200 à 210	210 à 220	220 à 230
Terres sèches, caillouteuses et très ouvertes.	0m 50 à 0m 60	180 kil à 190 kil	190 kil à 200 kil	200 kil. à 210 kil
	0 60 à 0 70	190 à 200	200 à 220	220 à 240
	0 70 à 0 80	210 à 220	220 à 230	230 à 250
	0 80 et au dessus	220 à 230	230 à 250	260 à 280

*Frais occasionnés par le traitement
au sulfure de carbone.*

Le sulfure de carbone coûte de 40 à 45 fr. les 100 kilogs ; les pals du système Gastine, qui sont les plus employés avec ceux du système Vermorel, coûtent 40 fr. pièce. Les frais du traitement d'extinction varient, en conséquence, de 500 à 700 fr. par hectare ; ceux du traitement simple, annuel, de 150 à 200 francs par hectare.

(A suivre).

Le Directeur-Gérant : G. DUBRULLE.

Epernay. — Imp. J. DUBREUIL

COURS D'AGRICULTURE, DE VITICULTURE
ET D'HORTICULTURE

AGRICULTURE ET HORTICULTURE
(SUITE)

Adaptation au climat et au sol

Le blé demande un climat tempéré et légèrement humide, aussi peut-il prospérer dans la plupart de nos terres de France ; mais il faut compter, suivant les régions où on le cultive, avec les froids qui, si le blé n'est pas recouvert de neige, le détruisent parfois complètement ; avec l'humidité trop grande qui fait pousser les tiges sans leur laisser prendre la force nécessaire à soutenir les épis ; avec les chaleurs excessives qui mûrissent trop tôt le grain et le font petit et sec.

En général, le blé réussit bien dans les terres de consistance moyenne, argileuses ou argilo-calcaires, un peu fraîches ; il n'aime pas les sols trop humides ni les terres légères et sèches.

La place du blé dans l'assolement

Le blé prend place, dans l'assolement, après une plante sarclée ou fourragère, ou après le sarrazin. Il faut, en effet, éviter de le cultiver immédiatement sur une fumure au fumier de ferme parce que les mauvaises herbes s'y développent facilement et qu'il est difficile alors de les détruire ; aussi appliquera-t-on ce fumier à la récolte précédente en rendant toutefois au sol, avant les semailles de blé, des engrais complémentaires. Dans ces conditions, le froment se trouve avoir sa juste part ; car, les pommes de terre, le trèfle ou la luzerne qui demandent aux engrais surtout de la potasse, laissent le sol *qu'elles ont nettoyé*, dans le meilleur état possible pour la céréale en lui gardant de l'azote et de l'acide phosphorique.

Nature et quantités d'engrais à fournir au blé

Le blé, comme toutes les céréales, demande un engrais bien incorporé au sol, ou facilement assimilable ; on emploiera donc comme engrais complémentaires du fumier, le *nitrate de soude* et le *superphosphate de chaux*. — Le nitrate de soude sera utilisé avec avantage au printemps, si les blés ne reprennent pas leur vigueur ; on l'emploiera *en couverture* à la dose de 100 à 200 kilogs par hectare. Le superphosphate de chaux qui augmente le rendement en grain, sera répandu un peu plus tard, dans les mêmes proportions par hectare.

Différentes formules d'engrais, complets ou incomplet, sont été indiquées pour les divers cas qui se présentent dans la culture du blé. Bien que nous ayons déjà dit qu'il est impossible d'établir des formules s'appliquant également à tous les sols et à tous les climats, nous signalerons pourtant les engrais suivants, proposés par MM. E. Fagot et F. Fiévet (des Ardennes), et qui répondent fort bien aux sols argileux, de consistance moyenne, types de nos terres à blé.

(A) Engrais complet pour blé après blé
sur terre épuisée

1° Automne	Sulfate d'ammmoniaque	150 à	200	kilogs
	Superphosph., de chaux	500 à	800	—
	Chlorure de potassium..	50 à	200	—
2° Printemps	Nitrate de soude.........	150 à	200	—
	Sulfate de chaux (plâtre)	200 à	300	—

(*B*) Engrais complet pour blé sur jachère fumée

1° Automne	Fumier de ferme..........	25 à 30.000	—
	Phosphate de chaux ou scories de déphosphorat.	1.000	—
2° Printemps	Nitrate de soude...........	100 à 150	—
	Sulfate de chaux..........	200 à 300	—

(*C*) Engrais complet pour blé après plantes
sarclées fumées

Nitrate de soude...........	150 à 200	—
Superphosph., de chaux	200 à 300	—
Chlorure de potassium..	50 à 100	—
Sulfate de chaux..........	200 à 300	—

Le sulfate de chaux pourra être supprimé pour les sols argilo-calcaires auxquels on donnerait ces engrais.

Préparation de la terre destinée à recevoir le blé.

Le blé souffre de l'excès d'eau, bien que sa préférence pour les terres un peu fortes l'expose souvent à développer ses racines dans la partie inférieure d'une couche arable où règne une humidité stagnante, aussi tire-t-il grand profit de l'établissement du drainage dans ces sortes de terres.

Pour préparer le sol à recevoir la semence, on lui fait subir un labour profond suivi d'un bon hersage. Le labour doit avoir une profondeur de $0^m 18$ à $0^m 25$ centimètres quand la couche arable le permet ; le hersage qui vient après contribue à bien ameublir le sol et un passage du rouleau termine cette façon qui met la terre en excellent état pour la semaille.

(A suivre).

COURS DE DEUXIÈME ANNÉE

VITICULTURE

(SUITE)

B. *Le sulfocarbonate de potassium*

Le *sulfocarbonate de potassium* est un composé chimique qui, employé à l'état liquide et étendu dans une grande quantité d'eau, donne, en se décomposant dans le sol, du *sulfure de carbone*, de l'*acide sulfhydrique* (V. p. 96) et du *carbonate de potasse*. Il possède donc en même temps la propriété insecticide (sulfure de carbone et acide sulfhydrique) et la qualité d'engrais (carbonate de potasse). C'est un produit dont l'application est excellente quand on peut disposer de la quantité d'eau suffisante pour imbiber complètement la zône occupée par les racines de la vigne, mais qui ne peut trouver son emploi dans les régions vignobles où la culture, se faisant sur les côteaux, rend impossible le transport économique du liquide nécessaire. [1]

Proposé en 1874 par M. Dumas. secrétaire de l'Académie des sciences et essayé par M. Mouillefert au laboratoire d'essai de Cognac, le sulfocarbonate de potassium fut accueilli avec grande faveur, mais nous

(1) Quand on songe qu'il faudrait, dans cette application, 25 à 30 litres d'eau par cep, on comprend tout de suite à quel prix reviendrait la défense par ce procédé qui, du reste, peut être remplacé avantageusement, au point de vue économique, par l'emploi de sulfure de carbone avec une bonne fumure complémentaire d'engrais potassique. (Doutté. Le vignoble champenois devant l'invasion phylloxérique).

venons de voir qu'il ne peut devenir un remède appli-cable dans toutes les régions.

Epoque du traitement. Mode d'emploi

Le traitement par le sulfocarbonate se fait en hiver, c'est-à-dire au moment où la circulation est le plus facile dans la vigne.

On verse la dissolution de sulfocarbonate dans de petites cuvettes qu'on a creusées autour des ceps ou simplement délimitées par des bourrelets de terre ; puis, après avoir bien imbibé le sol, on recouvre la cuvette avec de la terre pour retarder l'évaporation.

Quantités de sulfocarbonate à employer

On met, dans chaque cuvette, la quantité de liquide correspondant à 40 ou 50 grammes de sulfocarbonate par mètre carré. La quantité d'eau dans laquelle est faite cette dissolution varie, avec la perméabilité du sol, de 10 à 15 litres par cuvette, et, dans ces conditions, la dépense est représentée, à l'hectare, par 400 à 500 kilogs de sulfocarbonate dans 1000 à 1500 hectolitres d'eau.

Remarque. Badigeonnage des ceps pour la destruction de l'œuf d'hiver.

Nous avons vu (p. 159) que le phylloxera assure sa reproduction au delà de l'hiver par la ponte d'œufs qui passent toute la mauvaise saison dans les anfrac-tuosités de l'écorce des ceps. M. Balbiani, professeur au Collège de France, a proposé de détruire ces œufs d'hiver par des badigeonnages faits sur les souches et les sarments, à l'aide du mélange suivant :

Huile lourde,   20 parties.
Naphtaline,   30   —
Chaux vive,   100   —
Eau   400   —

On fait dissoudre la naphtaline dans l'huile lourde, puis on verse sur la chaux préalablement humectée avec un peu d'eau pour la faire foisonner, enfin on ajoute le reste de l'eau en mêlant bien, puis on badigeonne avec un gros pinceau.

Ce procédé est d'une efficacité certaine contre l'œuf d'hiver, mais la reproduction des individus aptères (v. p. 157 et 158) est tellement considérable que la destruction des œufs d'hiver semble insuffisante à retarder l'envahissement d'un vignoble déjà attaqué.

2° La submersion et les méthodes de culture destinées à lutter contre le phylloxera.

La *submersion*, quand on peut la pratiquer, la *culture dans le sable et l'emploi des vignes américaines*, ont pour but : la première d'empêcher l'établissement du phylloxera dans le vignoble ; les autres de mettre la vigne dans des conditions qui lui permettent de vivre avec son inévitable parasite.

A. La submersion.

La *submersion* consiste à recouvrir entièrement d'eau, et pendant un temps suffisant à détruire le phylloxera, toute la surface du vignoble attaqué. Il faut pour cela, maintenir la couche d'eau recouvrant le sol à une épaisseur moyenne de 0^m 25 à 0^m 30 centimètres et la submersion doit, suivant le climat, la nature du sol, et la saison, durer de 25 à 40 jours. Si chétifs, en effet, que soient les pucerons, ils résistent à l'asphyxie tant que la moindre bulle d'air contenue dans le sol, leur permet encore de respirer, et même M. Balbiani a pu en conserver de vivants pendant 15 jours, bien que complètement immergés dans l'eau.

La submersion ne peut être avantageusement pratiquée si le terrain où on veut l'appliquer n'est pas horizontal et si on ne peut se procurer, sans trop de frais, la quantité d'eau suffisante à l'époque voulue. Enfin, tous les cépages ne sont pas à même de la supporter sans péril. Nous citons donc ce procédé seulement pour mémoire puisque son emploi n'est pas possible dans nos régions. Il donne, dans le midi, d'excellents résultats et, en particulier, M. Faucon, viticulteur à Graveson, (Bouches du Rhône), lui doit de conserver indemne, en pleine région phylloxérée, son vignoble très important.

B. *La culture dans le sable.*

C'est un fait incontestable que le phylloxera ne peut se développer dans le sable et plus spécialement dans le sable fin de mer. Cette action toute spéciale du sable sur l'insecte a été reconnue dès le début de l'invasion phylloxérique. M. Bayle, viticulteur dans le Gard, a, depuis quelques années, cultivé la vigne dans les dunes des environs d'Aigues-Mortes et les succès qu'il a obtenus ont fait entreprendre des expériences analogues dans les landes de Gascogne et les alluvions sableuses de la vallée du Rhône. Sauf dans les endroits bas et imprégnés de sel marin, la vigne prospère dans tous les sables ; il importe seulement de bien choisir les cépages s'accommodant de ce mode de culture et d'éviter, dans l'emploi des engrais nécessaires, ceux qui, par leur nature, modifieraient à la longue la constitution physique du sol, en en diminuant la mobilité. [1]

Les tourteaux et surtout les engrais chimiques conviendront le mieux pour remplir les conditions voulues.

C. *Emploi des vignes américaines résistantes aux attaques du phylloxera.*

Lorsque le phylloxera a complètement envahi une région vignoble, la lutte par le sulfure de carbone risque fort d'être insuffisante car si, par des soins persévérants, on parvient à garder la vigne et à en tirer quelque récolte, les frais de culture et de traitement pourront bien surpasser les produits. On a recours, dans le midi et en Bourgogne, à un moyen de recons-

---

[1] Car c'est à cette mobilité des grains de sable les uns sur les autres qu'il faut attribuer la résistance des sols sableux à la propagation du phylloxera.

L'insecte ne progresse que difficilement entre ces particules qui roulent sous ses pattes et de plus, l'eau qui pénètre si vite dans le sable, et persiste dans les couches profondes, un temps assez long au moment des pluies, asphyxie l'insecte immobilisé entre les grains.

titution des vignobles par l'emploi de cépages capables de résister au phylloxera et pouvant, par conséquent, vivre avec lui. Ces vignes résistantes sont celles-là même qui, tirant leur origine d'Amérique, patrie du phylloxera, ont le privilège de pouvoir s'accommoder de sa présence et de végéter convenablement tout en hébergeant, sur leurs racines, des milliers de pucerons.

Adaptation au sol et au climat.

Mais les vignes américaines, lorsqu'elles sont cultivées pendant un certain nombre d'années dans nos régions tempérées, perdent peu à peu leur résistance aux attaques du parasite et se comportent comme les cépages français. Leur vin est, en outre, de qualité médiocre et nous ne pouvons espérer que la culture améliore ce produit au point de lui donner la valeur de nos vins.

On a alors imaginé d'employer les plants amériricains comme porte-greffes pour nos cépages indigènes. [1] Et là, les résultats ont été assez satisfaisants pour donner à la reconstitution des vignobles par les vignes américaines, un essor considérable, dans les régions méridionales tout au moins. [2]

Pour nos terres crayeuses de Champagne, l'emploi des plants américains présenterait peut être quelques difficultés parce qu'on ne connaît pas encore, à l'époque actuelle, d'espèce américaine prospérant dans les terres *calcaires*. Et le mode de culture adopté chez nous, (provinage) devrait être aussi modifié.

Mais si la question n'est pas résolue, elle est l'objet d'une étude incessante et l'on ne doit pas désespérer de trouver dans les vignes américaines greffées, [3] la

---

(1) V. plus haut page 148.

(2) Dans le seul département de l'Hérault, la reconstitution par plantation de vignes américaines dépasse 100,000 hectares.

(3) Les vignes américaines greffées produisent près d'un tiers en plus que les vignes françaises. Avec elles, il y a rapidité et abondance de production et si on peut évaluer à 3,000 fr. la dépense de reconstitution par hectare, il faut prévoir que d'ici à 20 ans, les plants amé-

solution de ce problème capital pour le vigneron champenois : trouver des cépages résistants et s'accommodant des terres calcaires tout en gardant à leurs produits le bouquet et les autres qualités de nos fins crûs ?

Hybrides franco-américains.

On appelle *hybride*, en botanique, le type végétal qui résulte du croisement de deux espèces différentes. L'hybridation est devenue une opération courante en horticulture où elle permet de produire des espèces nouvelles réunissant les qualités présentées séparément par les espèces initiales ayant servi à les obtenir.

Pour pratiquer l'hybridation, on transporte sur le pistil d'une fleur donnée, le pollen d'une fleur d'espèce différente [1] après avoir écarté toute autre chance de fécondation en enlevant préalablement les étamines de la fleur qu'on féconde ainsi artificiellement.

On applique l'hybridation aux cépages américains en fécondant, par exemple, une espèce résistante à petit fruit, par une espèce française à gros fruit ou à fruit parfumé. Le produit obtenu n'a pas toutes les qualités ni tous les défauts de ses parents, mais on a pu obtenir par ce moyen, certains types fort satisfaisants.

LOI

DU 15 JUILLET 1878, — 2 AOUT 1879 RELATIVE AUX MESURES
A PRENDRE POUR ARRÊTER LES PROGRÈS DU PHYLLOXERA

—

TITRE PREMIER
Du Phylloxera

Article premier. — Un décret du président de la République peut interdire l'entrée, soit dans toute l'étendue, soit dans une partie du territoire français, des

---

ricains greffés auront entièrement remplacé les cépages indigènes dans les terres à phylloxera. (M. Doutté, rapport sur sa mission dans le Bordelais 1891).

[1] Mais de même genre, bien entendu.

plants, sarments, feuilles et débris de vignes, des échalas ou tuteurs déjà employés, des composts ou des terreaux provenant d'un pays étranger, ainsi que le transport des mêmes objets hors des parties du territoire français envahies par le Phylloxera.

En ce cas, le ministre de l'agriculture et du commerce peut autoriser exceptionnellement l'introduction des plants étrangers à destination d'une localité déterminée.

Art. 2. — Des arrêtés spéciaux du ministre de l'agriculture et du commerce, pris sur l'avis de la commission supérieure du Phylloxera, règlent les conditions sous lesquelles peuvent entrer et circuler en France les plants, sarments, feuilles et débris de vignes, échalas ou tuteurs déjà employés, composts ou terreaux provenant des pays étrangers ou des parties du territoire français déjà envahies par le Phylloxera, auxquels ne s'appliquent pas les décrets d'interdiction.

Le ministre de l'agriculture et du commerce fera établir des cartes, avec tableaux à l'appui, indiquant, par des teintes différentes, les parties du territoire attaquées par le Phylloxera et celles qui en sont préservées. Ces cartes seront tenues au courant, rectifiées chaque année, et plus souvent, si le ministre le juge nécessaire.

Art. 3. — Dès que le préfet d'un département a reçu avis, soit par le propriétaire d'une vigne, soit par le maire d'une commune, soit par la commission départementale d'études et de surveillance, que le Phylloxera a fait son apparition dans une localité, il charge un délégué de visiter la vigne signalée comme malade, et en cas de besoin, les vignes environnantes. Le délégué peut faire dans les dites vignes les opérations nécessaires pour constater l'existence du Phylloxera.

Un arrêté du ministre de l'agriculture et du commerce peut, en tout temps, ordonner ou autoriser des investigations dans les vignobles des localités considérées comme indemnes, où la présence du Phylloxera sera soupçonnée.

Dans des cas urgents et particuliers, le préfet aura le droit d'ordonner ou d'autoriser ces investigations.

Art. 4. — Lorsque l'existence du Phylloxera a été constatée dans les contrées indemnes dont le périmètre sera tracé tous les ans sur la carte de l'invasion phylloxérique dont il est fait mention à l'article 2, conformément aux dispositions de l'article précédent, sur le rapport du préfet, la Commission départementale permanente et les propriétaires entendus, dans les formes et les délais qui seront déterminés par le règlement d'administration publique, un arrêté du ministre de l'agriculture et du commerce, pris sur l'avis conforme de la section permanente de la commission supérieure du Phylloxera, peut ordonner que la vigne malade et les vignes environnantes dans un rayon fixé, et sous les conditions d'exécution déterminées par le même arrêté, seront soumises à l'un des traitements indiqués par la commission supérieure.

Le ministre peut ordonner, pendant plusieurs années, la continuation du traitement mentionné ci-dessus, et prescrire au besoin le traitement des taches nouvelles qui viendraient à être découvertes.

Dans les circonstances exceptionnelles, lorsqu'il y aura nécessité et urgence de préserver de l'invasion du Phylloxera une contrée viticole, le ministre, sur l'avis conforme de la section permanente, pourra ordonner, hors des contrées indemnes, dans les formes prescrites par le règlement d'administration publique, le traitement indiqué au premier paragraphe du présent article.

Dans les cas ci-dessus énoncés, les dépenses occasionnées par le traitement des vignes sont à la charge de l'Etat.

Art. 5. — Lorsqu'un département ou une commune votera une subvention destinée à aider les propriétaires qui traitent leurs vignes suivant l'un des modes approuvés par la commission supérieure du Phylloxera, l'Etat donnera une subvention égale à celle du département ou de la commune, qui se trouvera ainsi doublée.

Lorsque les propriétaires, en vue de la destruction du Phylloxera sur leur territoire, se seront organisés en associations syndicales temporaires approuvées par l'autorité administrative, ils pourront recevoir, sur l'avis conforme de la section permanente de la commission supérieure du Phylloxera, une subvention de l'Etat. Cette subvention ne pourra, dans aucun cas, dépasser la somme votée par le syndicat pour le traitement des vignes phylloxérées.

Pourront également être subventionnées par l'Etat, sous les conditions et dans les proportions fixées par le paragraphe précédent, les associations syndicales temporaires approuvées par l'autorité administrative et constituées en vue de la recherche du Phylloxera dans les contrées indemnes ou partiellement atteintes.

(Les avances faites pendant l'année par les associations syndicales temporaires, approuvées par l'autorité administrative, aux propriétaires ou fermiers pour la destruction du Phylloxera, jouiront du privilège accordé par l'article 2102 du Code civil, pour les frais faits pour la conservation de la chose).

. . . .

. . . .

. . . .

TITRE III

Dispositions générales.

Art. 11. — Il sera alloué une indemnité pour la perte des récoltes détruites par mesure de précaution.

Aucune indemnité n'est due pour la destruction des récoltes sur lesquelles l'existence du Phylloxera aura été constatée.

Les juges de paix connaîtront sans appel jusqu'à la

valeur de cent francs, et, à charge d'appel, à quelque valeur que la demande puisse s'élever, des contestations relatives aux indemnités réclamées en vertu du présent article.

Art. 12. — Les contraventions aux dispositions de la présente loi et à celles des décrets ou arrêtés pris pour son exécution, seront punies d'une amende de 50 à 500 francs.

Art. 13. — Ceux qui auront introduit l'un des objets énoncés aux articles 1er, 6 et 7, sans déclaration ou à l'aide d'une fausse déclaration de provenance, ou de route, ou de toute autre manœuvre frauduleuse, seront punis d'un emprisonnement de un mois à quinze mois et d'une amende de cinquante à cinq cents francs.

Art. 14. — Les peines prévues aux deux articles précédents seront doublées en cas de récidive.

Il y a récidive lorsque, dans les douze mois précédents, il a été rendu contre le contrevenant ou le délinquant un premier jugement en vertu de la présente loi.

Art. 15. — L'article 463 du code pénal est applicable aux condamnations prononcées en vertu de la présente loi.

Art. 16. — Un règlement d'administration publique déterminera les mesures nécessaires pour l'exécution de la loi, notamment des articles 4, 5 et 11.

La présente loi, délibérée et adoptée par le Sénat et par la Chambre des Députés, sera exécutée comme loi de l'Etat.

Extrait du décret du 26 Décembre 1878, portant règlement d'administration publique pour l'exécution de la loi du 15 Juillet 1878, sur le phylloxera et le doryphora.

—

Le Président de la République Française,

Sur le rapport du Ministre de l'Agriculture et du Commerce;

Vu la loi du 15 juillet 1878, portant (article 16) qu'un règlement d'administration publique déterminera les mesures à prendre pour l'exécution de la loi, notamment des articles 4, 5 et 11 ;

Le Conseil d'Etat entendu,

A décrété :

TITRE PREMIER

Du Phylloxera.

ARTICLE PREMIER. — Dès que la présence du phylloxera est signalée dans un vignoble d'une contrée considérée comme indemne, le Préfet, conformément à l'article 3 de la loi du 15 juillet 1878, envoie immédiatement le professeur d'agriculture, et avec lui, s'il y a lieu, un ou plusieurs membres des comités d'études et de surveillance, qui seront chargés de faire les recherches et constatations nécessaires pour déterminer l'origine et la date de l'invasion, le nombre et l'étendue des points attaqués, la nature du terrain et sa situation topographique.

Les délégués adressent au Préfet un rapport sommaire, dont copie est transmise d'urgence au Ministre de l'Agriculture et du Commerce.

ART. 2. — Dans un délai de six jours au plus à partir de la réception du rapport, le Préfet convoque, à la mairie de la commune ou d'une des communes sur le territoire desquelles le fléau a été constaté, les propriétaires des vignes phylloxerées ou leurs représentants.

Cette réunion est présidée par le préfet, ou, à son

défaut par le sous-préfet de l'arrondissement ou un des conseillers de préfecture.

Le président provoque et recueille les dires des propriétaires ; il les invite à déclarer s'ils sont disposés à appliquer dans leurs vignes l'un des traitements approuvés par la Commission supérieure du phylloxera, et à demander, dans ce cas, le concours de l'Administration ; il rappelle aux intéressés les termes de la loi du 15 juillet 1878 et leur fait connaître que les vignes malades peuvent être soumises à un traitement par voie administrative.

Le procès-verbal de la réunion est immédiatement transmis à la Préfecture.

ART. 3. — Le Préfet convoque dans le plus bref délai la Commission départementale, lui soumet le rapport des délégués, le procès-verbal de la réunion des propriétaires, et il invite la Commission à donner son avis sur les mesures à prendre.

ART. 4. — Dans le délai de deux jours, le Préfet transmet au Ministre son rapport, en y joignant toutes les pièces, ainsi qu'une carte sur laquelle les territoires envahis par le phylloxera son teintés en rouge.

ART. 5. — Aussitôt après la réception de ces documents, le Ministre de l'Agriculture et du Commerce réunit la section permanente de la Commission supérieure du phylloxera et arrête, sur son avis, le mode et la nature du traitement à appliquer, l'étendue ou le périmètre des vignobles à traiter et de ceux sur lesquels l'action administrative devra être, s'il y a lieu, substituée à celle des propriétaires.

Cette décision est transmise immédiatement au préfet, qui doit prendre, sans délai, les mesures nécessaires pour en assurer l'exécution.

ART. 6. — Dans le cas où, sur l'avis de la section permanente de la Commission supérieure du phylloxera, le Ministre prescrit la submersion comme traitement des vignes attaquées par le fléau, le Préfet charge les ingénieurs du département de faire exécuter les travaux exigés par cette opération.

ART. 7. — **Lorsque, dans les départements envahis,** des fonds ont été votés par un Conseil général ou un Conseil municipal pour aider les propriétaires qui traitent leurs vignes suivant l'un des modes approuvés par la Commission supérieure du phylloxera, le Préfet adresse au Ministère de l'Agriculture et du Commerce une ampliation certifiée des délibérations du Conseil général ou du Conseil municipal.

Le Ministre, conformément à l'article 5 de la loi du 15 juillet 1878, accorde une subvention égale aux sommes régulièrement votées.

ART. 8. — Le Préfet nomme une commission chargée, sous sa présidence, de surveiller l'emploi du fonds commun constitué conformément à l'article précédent.

Cette commission est composée d'un représentant de l'Administration, pris dans les services financiers, d'un membre du Conseil général et d'un membre des comités d'études et de surveillance.

Au cas où une subvention a été votée par un Conseil municipal, un quatrième membre, pris dans ce Conseil municipal, est adjoint à la Commission, mais il ne participe à ses travaux qu'en ce qui concerne la commune.

Les demandes en participation aux subventions de l'Etat et du département ou de la commune sont examinées par la Commission, qui fait ses propositions au Préfet sur le chiffre de la somme à accorder et les conditions sous lesquelles la demande peut être admise.

L'ordonnancement des sommes accordées par l'Etat est fait au nom du Préfet qui ne doit les mandater qu'au fur et à mesure de l'avancement des travaux et proportionnellement aux dépenses effectuées sur ressources locales.

(A suivre).

Le Directeur-Gérant : G. DUBRULLE.

Epernay. — Imp. J. DUBREUIL

COURS DE PREMIÈRE ANNÉE

AGRICULTURE ET HORTICULTURE
(SUITE)

La préparation de la semence, vitriolage et chaulage.

Il est indispensable de choisir avec le plus grand soin la semence que l'on veut employer. Le plus grand nombre des cultivateurs emploient les graines récoltées l'année précédente parce qu'elles présentent les facultés germinatives les plus complètes, mais on peut semer des grains plus anciens et en obtenir d'aussi bons résultats. L'emploi d'une bonne semence devant accroître considérablement le rendement de la récolte, il y a avantage à s'arrêter aux variétés les mieux adaptées au pays, pour diminuer les chances de maladies, et même on se trouvera bien de changer souvent en prenant sa semence dans les localités plus froides et moins fertiles que celle où on veut la semer.

Nous verrons plus loin (V. p. 196) que le blé est sujet à diverses maladies dont la plupart sont causées par des champignons microscopiques qui s'attaquent au grain et le gâtent complètement. On détruit les germes de ces parasites en soumettant la semence à une opération désignée sous les noms de *chaulage, vitriolage ou sulfatage* :

On fait dissoudre dans 5 litres d'eau chaude pure ou mêlée de purin, 250 grammes de sulfate de cuivre (couperose bleue ou vitriol bleu) : C'est la dose destinée à un hectolitre de grain. Celui-ci est d'abord lavé à grand eau, puis égoutté et arrosé avec la solution de sulfate ; enfin, tandis qu'on le remue à la pelle, on le saupoudre d'un ou deux kilogs de chaux éteinte.

Ou bien on emploie simplement le sulfate de cuivre seul, dissous a raison de 4 à 5 kilogs par cent litres d'eau. On en arrose le blé en le remuant à la pelle jusqu'à ce qu'il soit complètement trempé par le liquide et quand après une journée, il est bien imbibé, on le laisse sécher à l'air pour le semer aussitôt.

Ce sulfatage, fort peu coûteux, donne d'excellents résultats

Quantité de semence à employer.
Avantages des semailles au semoir, en lignes.

La quantité de semence employée généralement est de 200 à 250 litres par hectare quand on sème à la volée ; elle est ramenée à 100 ou 150 litres seulement quand on emploie le semoir. Nous avons vu, en effet, (p. 152) que ce dernier mode d'ensemencement offre, entre autres avantages, celui d'économiser au moins un tiers de la semence tout en rendant le travail plus régulier et plus rapide. En outre, il permet, pour le blé en particulier, les binages ultérieurs qui s'exécutent alors avec facilité.

Soins à donner aux blés, au printemps :
hersage, roulage, binages, nitrate en couverture.

Quand les blés reprennent, au printemps, leur activité végétative ralentie par la mauvaise saison qu'ils ont traversée en herbe, il est utile de leur donner un bon *hersage* qui brise la croûte formée à la surface du sol par les vents secs connus sous le nom de *hâle de mars*. Cette croûte empêcherait le blé de taller en comprimant le collet des jeunes plantes et, en la brisant, le cultivateur favorise la sortie de nombreuses tiges latérales sur chaque pied déjà existant. Sans doute cette opération détruit un certain nombre de pieds chétifs ou superflus, mais ceux qui restent, bien espacés et vigoureux, tallent dans les meilleures conditions possibles et comblent promptement les vides [1].

Lorsque, dans les terres calcaires ou plus ou moins légères, les jeunes plantes sont *déchaussées*, c'est-à-dire dégarnies de terre à la naissance de leurs racines par suite des alternatives de gelées et de dégels, il est nécessaire de leur donner, à la sortie de l'hiver, une façon au rouleau qui rechausse les racines sans causer le moindre tort aux jeunes tiges. Ce *roulage* de blés a, en outre, pour résultat de détruire une grande part des limaces qui souvent, après un hiver humide, infestent les champs.

C'est, en général, à l'époque du hersage et du roulage que l'on répand les engrais complémentaires. (Voir plus haut page   ).

Enfin, quand les blés ont été semés en lignes, au semoir, les *sarcluges* nécessaires pour les débarresser des mauvaises herbes se donnent avec promptitude soit à la main avec la houe ou binette, soit à l'aide de la houe à cheval, sorte d'extirpateur qui peut biner plusieurs lignes à la fois.

---

(1) D'où l'inutilité d'un excès de semence ; il n'y a que perte à semer dru parce que, si l'on sème épais. les plantes serrées les unes contre les autres se privent d'air mutuellement et s'étiolent. Le tallage est aussi rendu impossible.

L'expérience suivante, faite par M. Grandeau, vient à l'appui de cette assertion en prouvant que l'espace ménagé largement autour des pieds, favorise étonnamment la production des tiges latérales : *Un seul grain de blé*, placé dans la terre à 0m. 50 de toute autre plante a poussé *quatre-vingt-deux* tiges mesurant 1 m. 50 de haut et portant 82 épis renfermant chacun 40 grains ; c'est à-dire au total, 3280 grains pesant ensemble 164 grammes, pour une seule semence ! Il faut reconnaître que ce grain de blé avait été semé de bonne heure, en terre bien préparée et pourvue d'azote et d'acide phosphorique, mais si on applique seulement la moitié de ces chiffres à la production d'un hectare, quelle sera la conclusion ?

*Les accidents causés par les intempéries : Coulure,
verse, échaudage.*

Nous avons vu (p. 168) que les fleurs du blé au nombre de trois à six par épillet, sont entourées de petites pièces membraneuses appelées glumes et glumelles, mais ces petites bractées ne garantissent pas les étamines au moment de la floraison.

Ces organes délicats, à anthères volumineuses supportées par de minces filets, sont alors exposés à se détacher sous l'action des grands vents et des pluies qui surviennent fréquemment en été. Par suite, la fécondation se faisant mal, il en résulte que la plupart des grains ne se développent pas: c'est l'accident qu'on désigne sous le nom de *coulure* du blé.

Quand, après la mauvaise saison, survient un printemps humide qui détermine une pousse rapide des tiges sans qu'elles prennent la force nécessaire pour soutenir le poids des épis; quand l'insuffisance des matières fertilisantes a empêché la paille d'acquérir la rigidité suffisante ; ou enfin quand on a semé le blé trop dru pour que les jeunes plantes aient pu se développer à l'aise, les tiges fléchissent et se couchent sur le sol : on dit alors que le blé *verse.* On pourra éviter cet accident par l'ensemencement en lignes et par l'emploi des engrais phosphatés (v. p. 101).

Lorsque les grandes chaleurs de l'été se font sentir avant la maturation parfaite du grain, celui-ci mûrit trop vite, ne se développe qu'imparfaitement, reste petit, sec et cassant : c'est l'accident appelé *échaudage.* En général, le blé se montre sensible aux grandes chaleurs comme aux grands froids.

Les parasites du blé.

Le blé est en butte aux attaques d'un certain nombre d'ennemis, végétaux et animaux, dont les ravages sont souvent considérables.

1° Parasites végétaux.

La plupart des maladies qui détruisent une grande

partie des récoltes sont dues à des parasites végétaux champignons microscopiques se nourrissant de la substance de l'ovule ou plus tard, du grain.

Les plus redoutables de ces champignons sont ceux de la *carie*, de la *rouille* et du *charbon*.

A. La carie.

La *carie* du blé est une des maladies les plus fréquentes et les plus préjudiciables. Le champignon qui la détermine a pour nom scientifique : *Tilletia caries*, il appartient à la famille des Ustilaginées, dont les représentants sont tous parasites et s'attaquent principalement aux céréales.

Caractères de la maladie.

Le blé atteint par le *carie* donne des épis dont les grains déformés se montrent remplis d'une poussière noire et grasse comme la suie, à odeur de poisson gâté. Cette poussière n'est autre chose que les spores du champignon qui, établi dans la plante *dès la germination* du grain qui l'a produite, a dévoré l'ovule dans l'ovaire pour se substituer à lui. Ces spores, mises en liberté au moment du battage, se répandent sur les grains encore sains qui pourront ensuite servir aux semailles et infesteront ainsi la récolte suivante. C'est au petit bouquet de poils qui termine le grain du côté opposé à la plantule, ou dans la fente du grain, que ces spores vont se fixer. C'est donc par le traitement des grains destinés à la semence qu'on combattra le parasite.

Traitement de la carie. Sulfatage ou chaulage des semences.

Les spores du *Tilletia caries* conservent leur faculté germinative pendant deux ans, mais elles sont détruites par une immersion de quelques heures dans une dissolution de sulfate de cuivre.

Aussi, pour éviter la carie, convient-il de faire tremper la semence dans une telle dissolution pendant

12 à 14 heures, en la remuant de temps en temps, puis de la sécher pour la semer ensuite à la main ou au semoir, (voir plus haut page 194, la pratique du sulfatage).

B. La rouille.

Le champignon de la *rouille* du blé appartient à la famille des Urédinées. C'est le *Puccinia graminis* qui s'attaque à un grand nombre de plantes cultivées et notamment aux céréales. Il se développe sous l'épiderme de la tige et des feuilles, y forme ses spores et celles-ci, pour se disséminer, déchirent cet épiderme, se dispersent et tombent sur les feuilles de la même plante ou des plantes voisines. Les dégâts commis par ce parasite sont assez importants parce que non seulement la plante souffre de ses attaques mais encore la paille rouillée peut rendre les bestiaux malades.

Caractères de la maladie.

La *rouille* du blé est caractérisée par la présence d'une poussière jaune rougeâtre, disposée à la surface des feuilles sous forme de taches *orangées* parallèles aux nervures.

Les spores du champignon qui constituent ces petits amas de poussière rouge, se répandent, quand elles sont mûres, sur les végétaux du voisinage et, pendant tout l'été, reproduisent ainsi sans discontinuer, de nouvelles taches de rouille sur les graminées qu'elles rencontrent.

A la fin de la saison, les taches prennent une coloration brune noirâtre ; la rouille, *orangée* pendant l'été, devient *rouille noire* à l'automne. Et ces nouvelles spores, de coloration différente, passent l'hiver, sans changement, sur les feuilles de graminées.

Traitement de la rouille. Il faut exclure l'épine-vinette des terres à blé. Sulfatage des semences.

Quand, au printemps, une des spores noires d'automne est portée par le vent à la surface des feuilles de l'*épine-vinette* (Berberis vulgaris), dont on fait souvent des haies vives autour des terres à blé, elle y germe, se dévelppe dans les tissus de ce nouvel hôte et après quelques jours, met en liberté des spores orangées qui, retombant sur une tige ou une feuille de blé, y reproduisent la rouille orangée du début.

Le parasite ne pouvant revenir sur le blé qu'après avoir passé le printemps sur l'épine vinette, on comprend pourquoi dans le voisinage des haies d'épine, le froment est fréquemment rouillé et on voit aussi qu'un moyen bien simple de combattre la rouille consiste à exclure d'abord l'épine-vinette des terres à blé.

Enfin, on traitera par le sulfatage (v. p. 194) les grains destinés aux semailles, comme nous l'avons vu faire contre la carie, à titre de bonne précaution contre les spores que pourraient transporter ces semences.

C. Le charbon.

La maladie du *charbon* chez les céréales, est causée par l'*Ustilago Carbo*, de la famille des Ustilaginées comme le Tilletia de la carie.

Le champignon du charbon s'attaque à la fleur du blé qu'il détruit tout entière.

Caractères de la maladie.

Les enveloppes de la fleur (glumes et glumelles) étant le lieu de la prédilection du parasite, on voit leurs tissus se renfler tandis que la fleur proprement dite disparaît complètement. Les enveloppes se remplissent d'une matière mucilagineuse où nagent des spores innombrables et bientôt celles-ci, après s'être nourries du mucilage, forment une masse noirâtre qui crève les tissus et se répand au dehors. Cette substance se dessèche ensuite, les spores se disséminent sous forme de poussière noire comme du charbon et il ne reste de l'épillet qu'un squelette noirci sans la moindre trace de grain.

Traitement du charbon. Sulfatage des semences

On combat le charbon, par mesure préventive, au moyen du sulfatage des semences comme nous l'avons déjà vu pour les maladies précédentes.

Le Piétin

Nous citerons encore pour mémoire, parmi les champignons parasites *l'Ophiobolus graminis*, du groupe des Ascomyèctes, causant chez le blé la maladie du pied ou *piétin*. Ses effets se constatent dans les sols humides.

2° Les parasites animaux

Les animaux qui commettent, dans les blés, des dégâts appréciables sont :

Parmi les vers: *l'Anguillule du blé*, causant la maladie de la *nielle*.

Parmi les insectes : la *Cécydomie*, le *Ver blanc* ou larve du *Hanneton*, le *Zabre*, le *Taupin*, *l'Anisoplie*, le *Chlorops* et *l'Oscine*.

Parmi les mollusques : les *Limaces*.

Et parmi les mammifères : les *Mulots* ou *campagnols*.

L'Anguillule du blé. Maladie de la nielle

L'anguillule des grains du blé, cause de la maladie appelée *nielle*, est un petit ver rond, le *Tylenchus tritici*, du groupe des Nématodes.

L'anguillule se multiplie d'une façon prodigieuse dans les grains au moment où ils commencent à se former. Ceux-ci, au lieu de se développer, se racornissent et se montrent remplis, avec un reste de farine altérée, par une substance fibreuse, blanchâtre, qui n'est autre chose qu'un amas de tylenchus.

Caractères de la maladie

Les épis atteints de la nielle renferment des grains en partie déformés, petits, arrondis, noirs et constitués par une coque dure remplie d'une masse de petits vers pelotonnés les uns contre les autres. L'identité de ces petits animaux se constate facilement en humectant la substance contenue par le grain malade ; on la voit, à l'aide d'une forte loupe, se séparer en une foule de corpuscules filiformes animés de mouvements très vifs.

Quand ces petits vers, contenus dans les grains malades, tombent dans le sol avec les grains sains, l'humidité leur rend la vitalité ralentie par la dessication ; ils se répandent dans le sol et, gagnant quelque froment jeune, grimpent le long de la plante. Là, ils atteignent bientôt l'épi au moment où celui-ci commence son évolution, et les phénomènes décrits plus haut, reparaissent.

Traitement de la nielle

Le sulfatage des semences pourra être d'un bon effet contre la nielle en mettant les grains, avant les semailles, dans un état d'humidité qui favorise la sortie des anguillules. Celles-ci, se trouvant alors dans ce milieu insecticide, périront rapidement.

La Cécydomie du froment

La Cécydomie du froment, est un petit insecte du groupe des Diptères, *la Cecydomia ou Diplosis tritici*. C'est une faible mouche au corps long de 2 à 3 millimètres, jaune citron, aux ailes transparentes, couchées horizontalement sur le dos. De gros yeux noirs, séparés par une ligne jaune, occupent presque toute la tête. L'abdomen est prolongé, chez la femelle, en une longue tarière qui lui sert à déposer ses œufs entre les glumes des épillets à l'endroit même où le grain va se développer.

Au bout de quelques jours, ces œufs donnent naissance à de petites larves qui se nourrissent du jeune grain dont les tissus sont encore tout à fait liquides.

C'est en *juin* que se fait la ponte et, dès la fin de ce mois, les larves ont atteint leur complet développement. D'abord blanchâtres, elles deviennent bientôt jaune paille et, sous cette dernière couleur, on les distingue facilement, au nombre de cinq ou six et souvent plus, pour un seul grain. A mesure qu'elles se développent, elles gagnent le sol ou la base des tiges et s'enfoncent à une petite profondeur pour s'enfermer jusqu'à l'été suivant, dans un cocon de soie.

Ainsi passent-elles la fin de l'été, l'automne, l'hiver et le printemps dans l'immobilité. Elles sortent enfin de leur retraite, en juin, pour la ponte d'une nouvelle génération.

Traitement de la cécydomie

On combat les dégâts commis par la cécydomie en tenant compte de ce que ses larves hivernent au pied des tiges et dans le sol. On arrache et on brûle les chaumes. On peut aussi répandre sur le sol des tourteaux de colza et surtout, recourir à l'alternance des cultures.

VITICULTURE

(SUITE)

F. Le Phytoptus vitis (érinose)

On désigne sous le nom d'*érinose* une maladie des feuilles, due à la piqûre d'un petit animal du groupe des Arachnides, le *Phytoptus vitis*, de taille microscopique et dont les attaques n'ont pas, jusqu'ici, une bien grande importance.

Les feuilles de vigne atteintes par l'érinose, sont déformées par des boursoufflures irrégulières, rugueuses, correspondant, sur la face inférieure, à des creux remplis d'un duvet court, feutré, blanc ou plus ou moins brun, suivant la saison. Il arrive dans certaines années, que les feuilles sont couvertes de ces bosselures et, dans ce cas, le mal est assez grand pour que l'aoûtement des sarments se fasse d'une manière imparfaite.

Traitement de l'érinose. Soufrages

On arrête assez facilement l'extension de l'érinose par des soufrages (v. p. 95) répétés qui détruisent le parasite.

G. Les escargots et les limaçons

L'hélice vigneronne (*Hélix pomatia*), connue sous le nom d'escargot de Bourgogne, se rencontre au printemps, dans les vignes où elle cause de grands dommages en dévorant les jeunes bourgeons. L'escargot est si répandu qu'il est inutile d'en faire ici la description détaillée, il se distingue des autres espèces par sa coquille grisâtre, sa taille plus grande.

L'escargot s'enfonce, à l'automne, dans le sol, puis il ferme sa coquille par un solide opercule calcaire, ou *porte*. Ainsi abrité, il passe toute la mauvaise saison, c'est-à-dire environ six mois, dans le sommeil hibernal.

L'hélice vigneronne pond en tout de 60 à 80 œufs dans l'espace d'un à deux jours. Ces œufs, blancs, appointés aux extrémités, ont une coquille calcaire. L'animal les dépose dans une cavité qu'il creuse dans la terre humide, puis il comble le trou et nivelle le sol par dessus. Les œufs éclosent 25 ou 26 jours après et les jeunes individus, aussi voraces que les adultes, ravagent les vignes jusqu'à l'automne, époque où ils se disposent à leur installation d'hiver dans le sol.

Avec l'escargot commun, on trouve d'autres espèces plus petites, à coquille rayée de noir sur fond jaune ou violacé, ou mouchetée (*Hélix aspersa*) ; ou de couleur jaune citron uniforme (*Hélix nemoralis*) ; et enfin les limaces et limaçons de différentes sortes qui, tous, doivent être détruits impitoyablement.

On diminue, pour une part, les dégâts causés par les mollusques en badigeonnant les ceps à la fin de l'hiver et après la taille, avec une dissolution concentrée de sulfate de fer. (v. p. 125).

La vendange

La vendange ou cueillette des raisins, se fait ordinairement fin septembre et commencement d'octobre. Dans les années exceptionnelles où le soleil s'est montré clément, elle peut être avancée de deux ou trois semaines.

La vendange est, dans la Marne, une opération qui doit se faire avec le plus grand soin ; il importe, en effet, que l'on fasse un triage minutieux des raisins mûrs en les séparant de ceux qui sont mal mûris ou pourris. Pour cela, le vigneron *embauche* un nombre suffisant d'ouvriers, hommes, femmes et enfants qui effectuent rapidement la cueillette. Cet ensemble d'ouvriers s'appelle un *hordon* qu'on divise en deux catégories : les *cueilleurs* qui coupent les raisins avec la serpette et les *porteurs* qui transportent les *paniers-mannequins* (paniers à anses) jusqu'à la voiture allant au pressoir.

Les cueilleurs trient les raisins en les coupant, ils enlèvent les grains pourris ou verts, et mettent les grappes dans leurs paniers à bras qui sont vidés ensuite dans les paniers-mannequins.

Quand les raisins, arrivés au pressoir, y sont en quantité suffisante, on les pèse et on les charge pour faire ce qu'on appelle en champagne, un *marc*, c'est-à-dire la contenance d'un pressoir (4000 kilogs . Cette opération se fait rapidement parce que, si l'on tarde, le raisin peut s'échauffer et perdre de sa valeur.

Le vin

Les vins du département de la Marne sont, déjà pour les vins rouges, classés parmi les meilleurs ; mais ses vins blancs mousseux sont les seuls au monde. La vinification est donc une operation grave en Champagne où elle est conduite avec les plus grands soins et la plus minutieuse propreté.

Les raisins une fois placés dans la *maie* du pressoir, sont écrasés une première fois pour donner la première *serre* ou *mère goutte*, d'environ cinq pièces, qui tombe dans un grand bac ovale en bois appelé *bellon*.

Une seconde serre donna trois pièces ; une troisième, deux ; ce qui fait en tout dix pièces de 2 hectolitres, soit 20 hectolitres de vin pour 4.000 kilogs de raisin.

Entre chaque serre, on bêche et on pioche le tour du marc avec des outils spéciaux pour faire ce qu'on appelle une *retrousse*.

Les premières serres donnent le vin appelé *cuvée* qui sera employé pour le vin mousseux ; les pressées suivantes, appelées *taille* et *rebèche*, donnent un vin qui, dans les bonnes années, est mis à la vente, et, dans les autres, sert à fabriquer le vin destiné aux ouvriers.

La Vinification

Le vin doux de cuvée est réuni dans des cuves contenant 40 hectolitres. Il est examiné dans une éprouvette, puis au saccharimètre et doit peser de 11° à 13° pour être considéré comme étant de bonne qualité. Il subit une première dégustation alors qu'il est encore dans le bellon et y sera encore soumis plusieurs fois avant d'être définitivement classé.

Dès que la *cotte* (première écume) est montée sur le vin des cuves de 40 hectolitres, c'est-à-dire au bout de six à dix heures, suivant les années, on le soutire dans des tonneaux de 200 litres, neufs ou remis à neuf, laissant ainsi les boues qui se sont déposées au fond de la cuve et la première écume de fermentation qui renferme toujours des impuretés.

Les tonneaux sont alors rangés dans les celliers sur des chantiers, et sur la bonde se trouve placée une feuille de vigne, recouverte de sable fin, au travers de laquelle peut s'échapper le gaz acide carbonique, produit de la fermentation tumultueuse du vin.

Cette fermentation, dans les bonnes années, dure de dix à vingt jours. Aussitôt qu'elle est calmée, on s'empresse de remplir les tonneaux avec du vin de la *cuvée*, et l'on remplace la feuille de vigne par un *bondon*, afin d'éviter la perte du bouquet du vin.

Lorsque ces vins ont subi les premiers froids de l'hiver et que leur fermentation est suspendue, ils s'éclaircissent. C'est à ce moment que l'on procède au

soutirage et qu'ils sont réunis dans les celliers qui dominent les grands foudres où doivent être formées les
cuvées définitives.

Cette opération est sous la surveillance directe des
chefs de la maison ; ils savent ce qu'ils ont dans leurs
caves et celliers, où chaque pièce de vin porte la mention du cru d'où elle provient. Chacune est dégustée,
et, suivant la nature, la couleur et l'arome de son contenu, est classée ; de sorte qu'arrivée au cellier où elle
doit être ouverte et d'où elle doit être précipitée dans
le foudre, elle se trouve jointe à d'autres tonneaux
renfermant la même ou d'autres espèces de vins, également dégustées et classées : le vin trop coloré est cor-
rigé par un plus pâle, le plus sucré par un moins sucré, etc., et les pièces sont amenées cinq par cinq
sur une trappe du plancher ; elles sont retournées et
débondées, et coulent dans le foudre. Ces foudres peuvent contenir de 260 à 280 hectolitres.

Un mélangeur à palettes agite doucement la masse
du liquide et en fait un tout, homogène comme couleur
force vineuse et arome. On compose ainsi successivement ce qu'on appelle une cuvée de 2,000 hectolitres
environ, tirée en 1,000 pièces de 200 litres, formant
1,000 éléments identiques, qui seront repris plus tard
pour composer, dans des proportions voulues, ce qu'on
appelle les cuvées d'expédition.

La cuvée, obtenue par le premier coupage et re-
mise en tonneaux de 200 litres, descend, par les mon-
te-charges qui l'avaient amenée, jusqu'au plus profond des caves. Les pièces y sont rangées et reposent
sans mouvement jusqu'à ce qu'on les remonte de nouveau pour composer les cuvées dites d'expédition.

A ce moment on les coupe de nouveau avec d'autres éléments (1), et l'on met en bouteilles le vin, pour
le disposer à prendre peu à peu les qualités du véritable vin de Champagne et surtout le caractère domi-

---

(1) C'est-à-dire qu'on ajoute tout ou partie d'une autre cuvée, afin
d'obtenir un arome spécial, ou bien encore pour augmenter le nombre de pièces d'une même cuvée jusqu'à concurrence de trois, quatre
et cinq mille pièces d'un vin identique.

nant qui est d'être un vin *mousseux* et non un vin *écumeux* comme le falerne des anciens, l'asti des Piémontais et autres vins qui écument lorsqu'on les verse de haut.

Tous les vins, quelle que soit leur provenance, possèdent dans leur composition les éléments de la mousse, mais beaucoup sont loin de posséder les autres qualités d'arome et de vinosité qui les rendent agréables. L'accompagnement d'acide carbonique, qui va si bien aux vins de la Champagne, ne serait pas du tout agréable dans les vins de Bourgogne ou de Bordeaux.

La source de l'acide carbonique, et par conséquent de la mousse, est dans le sucre, quelle que soit sa quantité qui est toujours dans le jus du raisin. Le ferment qui change ce sucre en alcool et en acide carbonique est également dans le vin, lorsqu'il est conservé en fût.

Cette transformation du sucre en alcool et en acide carbonique se fait lentement dans les tonneaux, autant que possible sans tumulte ; l'acide carbonique, s'élevant au-dessus du liquide, s'échappe dans l'atmosphère. Il n'en est pas de même lorsque la fermentation alcoolique et carbonique se fait dans un vase clos.

L'acide carbonique montant à la partie supérieure du récipient ajoute sa force élastique à celle de l'air qui s'y trouve, puis, se comprimant lui-même à mesure qu'il se produit, il acquiert une force élastique telle qu'elle arrive à six atmosphères environ, tenant enfermé alors dans le vin lui-même six fois son volume d'acide carbonique.

Cette pression si intense est la force qui, chassant le bouchon hors du goulot, produit le débordement de mousse si connu. (1). (*A suivre*)

Le Directeur-Gérant : G. DUBRULLE.

---

(1) Extrait des « Grandes Usines ». Etablissement Moët et Chandon. — Turgan.

Epernay. — Imp. J. DUBREUIL

COURS D'AGRICULTURE, DE VITICULTURE
ET D'HORTICULTURE

—

AGRICULTURE ET HORTICULTURE
(SUITE)

Le ver blanc

La larve du hanneton porte, suivant les contrées, les noms de *ver blanc, man, turc* ou *meunier*.

Tous les cultivateurs connaissent ce ver, long de 4 à 5 centimètres, au corps d'un blanc sale ridé transversalement et bleuâtre à son extrémité postérieure ; à la tête noire, sans yeux, munie de deux antennes et de mandibules puissantes. Il se tient habituellement courbé en demi cercle.

Le hanneton est trop connu à l'état *d'insecte parfait*

pour qu'il soit nécessaire de le décrire ici. Rappelons seulement qu'il sort de terre en *avril-mai* pour se mettre très activement à dévorer les feuilles des arbres. Dès les premiers jours de *juin*, il pond une trentaine *d'œufs* un peu aplatis et de la grosseur d'un grain de chénevis, qu'il dépose par petits tas dans une cavité creusée par lui à 5 ou 6 centimètres de profondeur dans un sol meuble plutôt que compacte.

Dans la première quinzaine *de juillet*, les *larves* sont écloses, elles restent quelque temps en groupes et rongent les fines radicelles des plantes voisines ; puis, à l'arrière-saison, de septembre en novembre, elles s'enfoncent individuellement à une profondeur de 30 à 60 centimètres, suivant la température. Elles ont, à ce moment, une longueur de 0 m. 02 centimètres environ et la grosseur d'un cure-dent.

Au printemps de la deuxième année, elles sortent du sommeil hibernal, regagnent les couches supérieures du sol et reprennent le cours de leurs ravages. A ce moment, elles sont devenues plus grosses et, pendant sept mois consécutifs, elles commettent leurs plus grands dégâts. A l'hiver, elles redescendent et subissent leur deuxième sommeil hibernal.

Enfin, au retour de la belle saison de la troisième année, les larves remontent encore vers la surface du sol et recommencent leurs déprédations pendant trois mois pour se transformer ensuite en *nymphes*. Pour cette métamorphose, elles s'enfoncent à 1 m. ou 1 m. 50 de profondeur et sortent définitivement au printemps suivant, c'est-à-dire au bout de trois ans écoulés, sous la forme de hannetons.

Moyens de combat usités contre le ver blanc

Le hannetonnage et le Botrytis tenella

Le seul moyen efficace de combattre le ver blanc consistait, jusqu'ici, dans le *hannetonnage*, c'est-à-dire dans la destruction des hannetons recueillis sur les arbres en assez grand nombre pour empêcher la production d'une quantité considérable de larves. Des primes ont été, dans ce but, accordées aux ramasseurs de hannetons et l'on enseigne encore dans les écoles la pratique du hannetonnage aux enfants qui s'y livrent avec ardeur. C'est ainsi que certaines années, fécondes en hannetons, ont porté à un chiffre très élevé le montant des primes et que, par exemple, en 1867, le hannetonnage a détruit, dans le seul département de la Seine-Inférieure, 1 milliard 149 millions de hannetons qui auraient donné naissance à 23 milliards de vers blancs : les primes ont atteint la somme de 80.000 francs.

Les hannetons ainsi récoltés, sont utilisés comme engrais. Après les avoir tués par un moyen quelconque, eau bouillante ou vapeur, on les mêle à de la chaux pour en faire un compost qui, d'après M. Gaillot, directeur de la station agronomique de l'Aisne, titre : en azote : 2,5 0/0 ; en acide phosphorique 0,5 0/0 ; et en potasse, 0,3 0/0 ; (ce qui représente 4 à 5 fr. par 100 kilogs).

Mais depuis 1888, un savant russe de l'Université d'Odessa, M. Krassilstschik, ayant étudié tout spécialement les champignons parasites qui s'attaquent aux insectes, se livra à l'expérimentation, en grand, des effets produits par l'un de ces champignons (1) sur un coléoptère (2) qui occasionne, en Russie, de grands dégats dans les champs de betteraves. Les résultats obtenus ayant montré qu'on pouvait ainsi atteindre jusqu'à 80 0/0 des insectes destructeurs, un observateur distingué, M. Le Moult, conçut l'idée de chercher s'il n'existait pas un champignon parasite du hanneton dans les mêmes conditions que l'*Isaria destructor* l'est pour le *Cleonus* à tous les états de son

---

(1) *L'Isaria destructor*, de la famille des Entomophtorées.
(2) Le *Cleonus puncliventris*.

développement, M. Le Moult dirigea ses recherches dans les terrains les plus infestés et, en juillet 1890, découvrit, dans une prairie renfermant des quantités considérables de vers blancs, un grand nombre de ces larves couvertes d'une sorte de moisissure blanche envahissant tout leur corps et rayonnant dans tous les sens à travers la terre. La proportion des vers atteints était d'environ 10 0/0. Mais, trois mois après, constatant que cette proportion était montée à 70 0/0, M. Le Moult conclut qu'il avait trouvé le champignon parasite cherché. Il soumit le résultat de ses observations à M. le professeur Giard qui reconnut l'*Isaria tenella*, c'est-à-dire un type du genre connu sur le *Cleonus*. MM. Prilleux et Delacroix donnèrent en même temps au champignon le nom de *Botrytis tenella* qui lui est resté dans le commerce.

Pour employer le Botrytis comme moyen de combat contre les vers blancs, MM. Le Moult et Raquet cultivèrent artificiellement le champignon dans leur laboratoire et aujourd'hui, les spores obtenues de cette culture, sont couramment livrées aux agriculteurs dans des tubes de verre permettant de contaminer d'une façon très commode, une grande étendue de terrain.

Le mode d'emploi consiste à disposer dans une large terrine plate, une couche de terre ou de sable humide, de 1 à 2 centimètres d'épaisseur. Sur cette couche, on place une centaine de larves vivantes, récemment recueillies. Puis, on délaye dans un verre d'eau le contenu d'un tube Le Moult et on arrose de ce liquide les vers et le sable de la terrine. Enfin on recouvre le vase d'un couvercle perforé, puis de mousse humide et on le laisse dans un endroit frais pendant une demi-journée.

Au bout de ce temps, tous les vers ont contracté le germe de la maladie et, en les replaçant dans le sol, ils constitueront autant de foyers d'infection. Au bout de quinze jours environ, les larves meurent, en effet, et le champignon, effectuant sa sortie, se développe dans toutes les directions en répandant dans le sol des spores qui infectent de nouveaux vers.

Le Zabre des céréales

Le *zabre des céréales* ou *zabre bossu (Zabrus gibbus)* est un petit coléoptère voisin du carabe, mais qui, au lieu d'être carnivore et utile comme ce dernier, fait sa nourriture des racines et des grains du blé en causant, par certaines années, des dégâts importants.

L'insecte parfait a le corps noir en dessus, brun noir en dessous, long de 2 centimètres, a élytres sillonnées de stries profondes et ponctuées. Il vit, dans les champs de blé, de seigle ou d'orge, à l'époque où le contenu des grains jeunes est encore laiteux. Il sort donc de sa chrysalide au commencement de l'été. Pendant le jour, il se cache sous les pierres, les mottes de terre, mais le soir, après le coucher du soleil, il grimpe le long des tiges jusqu'aux épis dont il dévore les grains encore tendres. Le zabre pond ses œufs par paquets dans le sol, au pied des graminées.

La *larve* éclot bientôt et se nourrit des racines des céréales, c'est un être agile qui peut atteindre 2 centimètres et demi de longueur et qui se tient dans un tube qu'elle se creuse dans le sol et dont elle ne sort que pour chercher sa nourriture. Au moment de se transformer en nymphe, elle se retire au fond de son terrier qu'elle agrandit un peu et y subit tranquillement sa métamorphose.

Moyens de combat usités contre le zabre. Arrachage des chaumes et alternance des cultures

Pour combattre les dévastations causées par le zabre bossu, il y a lieu de procéder à l'arrachage des chaumes suivi d'un hersage aussitôt après la moisson. Cette opération hâte la germination des grains perdus et quand ils sont bien levés, on laboure à une bonne profondeur pour couper ainsi les vivres à la génération future. On doit en outre, ne jamais faire sur le même sol deux cultures successives de céréales, c'est-à-dire qu'en alternant les cultures, on peu, d'une façon certaine, sinon détruire complètement l'animal, du moins en empêcher la trop grande multiplication.

Le Taupin des moissons

Le *taupin* des moissons (*Elater segetis*) est encore un coléoptère très répandu que l'on rencontre partout dans les champs et sur les chemins.

L'insecte parfait a le corps long de 9 à 10 millimètres, d'une couleur gris-jaunâtre dûe à la villosité qui recouvre sa région dorsale ; noir en dessous: Il est facilement reconnaissable à ce que, lorsqu'on veut le saisir, il fait le mort et se laisse tomber dans l'herbe ou dans les feuilles où il se cache aussitôt. Si, au lieu de tomber dans l'herbe, il tombe sur un sol nu, il exécute une série de sauts périlleux qui ont pour but de le remettre sur ses pattes, ce à quoi il arrive rarement du premier coup.

Le taupin dépose ses œufs au pied des jeunes plantes qui serviront de nourriture aux larves.

Ces œufs, déposés en groupes, sont très petits, globuleux, un peu ovales, et d'un blanc sale.

La larve qui atteint, dans sa taille la plus forte, 0,025 millimètres à $0^m,035^{mm}$, vit dans le sol. Les horticulteurs, qui la connaissent trop, l'appellent *corde à boyaux* ou *ver fil de fer*, ce qui indique en même temps la ténacité et la couleur rousse de son corps.

Cette larve met deux ou trois ans à accomplir son

évolution, elle se construit une loge ovoïde dans le sol, et y subit sa nymphose.

La *nymphe* est blanche, aux yeux noirs surmontés d'une petite pointe brune, son corps est terminé par deux petits appendices. Elle reste couchée dans sa coque de terre, sans enveloppe de soie, pendant quelques semaines pour mettre en liberté l'insecte parfait.

Moyens de combat usités contre le Taupin.

Les appâts et les tourteaux de colza

Il n'y a guère d'autre moyen préconisé contre les larves de taupins que l'emploi des appâts offerts à leur voracité ; mais c'est là un procédé qui n'est pratique qu'en horticulture : on dispose, aux endroits les plus attaqués, des débris de salade ou autres plantes tendres sur lesquels les larves se jettent avec gourmandise et où on peut les recueillir pour les tuer. Dans la culture en grand, l'emploi des tourteaux de colza concassés et enterrés en assez grande quantité à une profondeur de 10 à 15 centimètres, donne d'excellents résultats (1).

L'anisoplie des céréales

L'*anisoplie* des céréales (*anisoplia segetum*) est un joli coléoptère d'un vert bronzé brillant, au ventre couvert d'un long duvet blanc, à la tête et au corselet revêtus de poils jaunes ; c'est un petit hanneton de 1 centimètre de longueur, qui se trouve partout sur les épis de blé et de seigle au moment de la flo-

---

(1) Il y a lieu de signaler ici l'existence d'un ichneumon parasite de la larve du taupin, le *Bracon dispar* qui sait très bien découvrir son hôte dans son refuge souterrain.

raison. Il ronge les organes reproducteurs de ces plantes et les jeunes grains déjà formés.

Sa *larve*, qui ressemble à celle du hanneton, en beaucoup plus petit, mange les racines des céréales.

Il est probable que la durée de son évolution, peu connue, n'est que d'une seule année.

Moyens de combat employés contre l'anisoplie

On emploie contre l'anisoplie un certain nombre de moyens (enfouissement de fleur de soufre, de feuilles enduites de goudron, d'huile lourde de gaz, etc.), qui ne sont applicables que dans les jardins. Sans doute, l'avenir amènera-t-il la découverte d'un champignon parasite qui permette à la grande culture de combattre la petite larve de l'anisoplie comme son congénère, le ver blanc.

Le Chlorops et l'Oscine

Le *chlorops* et l'*oscine* sont deux petites mouches, du groupe des Diptères, dont les larves vivent dans les tiges du blé, du seigle et de l'orge.

Le *chlorops* est d'un jaune brillant, à antennes noires ; son thorax porte trois raies noires ; son abdomen est marqué, suivant les quatre jointures, par des bandes brunes transversales. On le rencontre au mois d'août et il pond ses œufs sur les semis d'hiver.

La *larve* est blanche, elle mesure 4 à 5 millimètres de long, et elle ronge les chaumes du blé ou des autres céréales en produisant, aux points qu'elle attaque, des déformations par gonflement.

L'épi des tiges ainsi atteintes, ne se développe pas.

La *pupe* ou *nymphe* se trouve généralement isolée, au voisinage du nœud supérieur entre la gaîne et le chaume. Elle donne naissance, après 15 à 20 jours, à la mouche.

L'*oscine* ne diffère du *chlorops* que par sa couleur noire, luisante. D'après certains observateurs, elle ferait au moins trois pontes par an, l'une qui ravage les semis de printemps, la seconde les grains mûrs, et la troisième, les semis d'hiver.

Les limaces

Les *limaces* appartiennent au grand groupe des mollusques gastéropodes pulmonés, c'est-à-dire respirant l'air libre et ne pouvant respirer l'air dissous dans l'eau. Tout le monde connaît les limaces rouges des bords des chemins humides, les limaces grises des endroits sombres. Ce sont là des types de taille assez grande qui avec les limaces dites agrestes, de couleur grisâtre ou noire, et de taille plus petite, commettent dans les jardins et dans les champs d'effroyables dévastations.

Les limaces sont herbivores comme les limaçons dont elles diffèrent par l'absence de coquille enroulée en hélice ; elles recherchent les matières végétales tendres, fraîches et sucrées.

Pendant le jour, cachées sous les herbes, les feuilles ou les pierres, elles se tiennent en repos à l'abri de la grande lumière et de la chaleur; mais dès le soir, et pendant toute la nuit, elles poursuivent, sans trève, le cours de leurs ravages.

Moyens de combat préconisés contre les limaces

La reproduction, chez les limaces, est considérable.

La limace agreste, connue sous le nom de *loche* ou *lochette* pond 770 ou 780 œufs à la fois et recommence fréquemment cette opération depuis le printemps jusqu'à l'hiver. Aussi tous les moyens préconisés pour la destruction des mollusques restent-ils sans effet appréciable. L'emploi de la chaux vive et pulvérisée, (2 hectolitres par hectare), ou du sulfate de fer en poudre fine, répandus avant le lever du soleil, fait périr un certain nombre de ces animaux, mais il n'est pas applicable dans la grande culture, parce que, si nombreux que soient les individus atteints, il est impossible de songer à les détruire tous à moins de couvrir le sol d'une couche épaisse de matière pulvérulente, ce qui serait un remède pire que le mal.

On a aussi recours, dans les jardins, aux pièges-abris qui consistent en planches humides, en tuiles un peu soulevées, en plaques de mousse, etc., qu'on dispose de place en place et qui offrent aux mollusques un abri pour la journée. Au matin, les limaces repués viennent se réunir sous ces pièges d'où on les enlève très commodement.

(A suivre).

COURS DE DEUXIÈME ANNÉE

VITICULTURE

(SUITE)

Les maladies des vins

Le vin, rouge ou blanc, lorsque toute fermentation alcoolique a cessé dans sa masse et qu'il a été mis tonneaux ou même en bouteilles, peut subir des modifications accidentelles désignées sous le nom de maladies et qui tantôt changent son goût ou altèrent sa finesse; tantôt les font disparaître entièrement.

Les vins rouges et blancs sont sujets à diverses maladies qui leur sont communes ; les uns et les autres ont, en outre, leurs maladies exclusivement particulières.

1° Maladies communes aux vins rouges et aux vins blancs

Les maladies communes aux deux sortes de vins sont : *la fleur, la pique, et la tourne*.

a. La fleur.

Quand un vin nouveau est exposé au contact de l'air, soit qu'on ait négligé de remplir exactement les fûts qui le contiennent, soit qu'on ait laissé un tonneau en vidange ; ou encore quand le vin est pauvre en acides et en alcool, on constate qu'il se forme à sa surface une pellicule blanche apparaissant en petits fragments et s'étendant de plus en plus jusqu'à couvrir entièrement tout le liquide. C'est là ce qu'on appelle la *fleur* du vin. Elle est dûe au développement d'un champignon microscopique (*Mycoderma vini*) se nourrissant du sucre contenu dans le vin.

Si on néglige de chasser ce champignon parasite, le vin s'aigrit et n'est plus potable ; il contracte *la pique* et peut, tout au plus, servir à la fabrication du vinaigre.

Traitement de la fleur du vin

Lorsqu'on voit apparaître à la surface du vin les pellicules blanches indiquant qu'il prend la fleur, on peut les chasser en remplissant les fûts doucement par la bonde et jusqu'à les faire déborder un peu ; les pellicules se maintenant toujours à la surface, sont entrainées avec le liquide du trop plein. Ce moyen très facile de se débarrasser du mycoderme est le plus souvent suffisant.

Quand la fleur est déterminée dans le vin par un manque d'acidité et d'alcool, on y remédie par l'addition d'une petite quantité d'acide tartrique et d'alcool, dans des proportions indiquées par l'analyse chimique.

b. La pique

On dit qu'un vin est *piqué* lorsque par suite de négligence, sa proportion d'acide a augmenté au point de le rendre impropre à la consommation. Cette acidité excessive provient de la transformation de l'alcool en acide acétique sous l'influence d'un mycoderme voisin de celui qui produit la fleur ; c'est le *Mycoderma aceti* qui apparaît toujours dans le vin après le *Mycoderma vini* quand on laisse celui-ci se développer librement.

Traitement des vins piqués

Il est très difficile de corriger les vins piqués. On a préconisé l'emploi de sels alcalins destinés à neutraliser l'acide en excès (le carbonate de magnésie, par exemple) mais les résultats sont presque toujours médiocres. Il vaut mieux prévenir la pique que de vouloir la guérir, et dans les cas désespérés, on enverra le vin à la vinaigrerie.

C. La tourne

La maladie désignée sous le nom de *tourne*, est caractérisée par la décoloration du vin qui perd en même temps son goût. Si on regarde le liquide par transparence, il semble sillonné de filaments soyeux en suspension dans sa masse. Cette affection, causée par un mycoderme voisin de celui qui détermine la décomposition putride, est heureusement rare chez les vins blancs destinés à la fabrication des vins mousseux. On la combat, mais difficilement, en chauffant le vin attaqué, à 75° environ pendant une heure, et en y introduisant la quantité d'acide tartrique ou citrique nécessaire à relever le goût perdu.

Maladies spéciales aux vins rouges

Les principales maladies spéciales aux vins rouges sont : *l'amertume* et *la pousse*.

A. L'amertume

Le vin rouge devient *amer* sous l'influence de divers mycodermes qui, bien que différents, déterminent la même altération du liquide. Ils s'attaquent aux vins ordinaires autant qu'aux vins fins, aux meilleurs crûs, aux vins en fûts ou même en bouteilles, indistinctement.

L'amertume peut se déclarer dans des vins très vieux. Elle se caractérise d'abord par un affaiblissement du goût, puis par l'apparition d'une saveur amère très prononcée. M. Robinet, d'Epernay, dit l'avoir constatée principalement, parmi les vins de Champagne, chez ceux provenant du cépage pineau. Il propose de combattre cette affection par le tannin (à raison de 5 gr. par hectolitre) car il semble que les vins pauvres en tannin y soient particulièrement exposés.

B. La pousse

La pousse est un accident plutôt qu'une maladie ; elle se produit au printemps dans les vins dont la fermentation a été mal faite. La pousse n'est, en effet, qu'une fermentation nouvelle se produisant aux dépens d'une certaine quantité de sucre restée dans le vin, ou par décomposition de matières organiques contenues par le liquide. Dans les deux cas, il y a production d'acide carbonique, le vin prend une saveur aigrelette, piquante, en même temps qu'il perd sa limpidité. On remédie à cet inconvénient par un soutirage dans des fûts assainis par le mêchage (1) puis par un collage (2) du vin.

Maladies spéciales aux vins blancs

Les vins blancs sont particulièrement exposés aux maladies désignées sous le nom de *graisse, jaune* et *bleu*.

A. La graisse

La graisse se produit dans les vins qui ont été vendangés trop tard, c'est-à-dire beaucoup trop mûrs ou bien récoltés dans une saison trop tardive et froide ; ou encore dans ceux dont la fermentation a été incomplète par suite du refroidissement de la cuve où elle s'opérait, ou pour toute autre raison. Le vin *gras* est visqueux, parce qu'il s'y forme une certaine quanti-

---

(1) On appelle *mêcher* un fût, y faire brûler lentement une bande de papier, ou *mêche*, soufrée. L'acide sulfureux dégagé par la combustion détruit tous les germes nuisibles.

(2) Le *collage* consiste à verser, par la bonde, dans un fût de vin, une dissolution de colle de poisson. Celle-ci, se coagulant, forme dans le liquide un réseau à mailles serrées qui entraîne, en se précipitant au fond du fût, toutes les particules en suspension. D'où une clarification rapide. La dissolution de colle se fait à raison de 5 grammes par litre d'eau.

té de matières albuminoïde. On évite la graisse par l'addition d'une petite quantité de tannin (1) et en apportant à la vendange tous les soins nécessaires.

b. *Le jaune*

M. Robinet appelle *jaune* du vin une maladie qui se produit dans les vins pauvres en tannin, en alcool et en acide tartrique, ou encore dans ceux qui proviennent de raisins trop mûrs et déjà blets, et surtout dans les vins de vignobles atteints du mildew. Le vin blanc atteint du jaune prend une coloration brûnâtre, il devient impropre à la fabrication du vin mousseux, ce qui a son importance en Champagne. On le traite par addition d'acide citrique ou tartrique.

c. *Le bleu*

Le *bleu*, au contraire du jaune, donne au vin un reflet bleuâtre, en même temps que le liquide se trouble et résiste au collage.

Il est le résultat d'une nouvelle fermentation favorisée par la faiblesse du vin en alcool.

On combat le bleu par addition d'alcool et de tannin, (6 à 8 gr. par hectolitre) suivie d'un fort collage, ou par l'emploi de l'acide citrique à raison de 25 à 50 gr. par hectolitre.

(A suivre).

Le Directeur-Gérant : G. DUBRULLE.

---

(1) 5 à 7 centigrammes par hectolitre, d'après M. Robinet.

Epernay — Imp. J. DUBREUIL

COURS
D'ARBORICULTURE, DE VITICULTURE
ET
D'HORTICULTURE

Conforme au Programme adopté le 5 janvier 1891
par le Conseil général de la Marne,

À L'USAGE DES

ÉTABLISSEMENTS D'INSTRUCTION PUBLIQUE DU DÉPARTEMENT

PAR

J.-P. GABRIELLE,

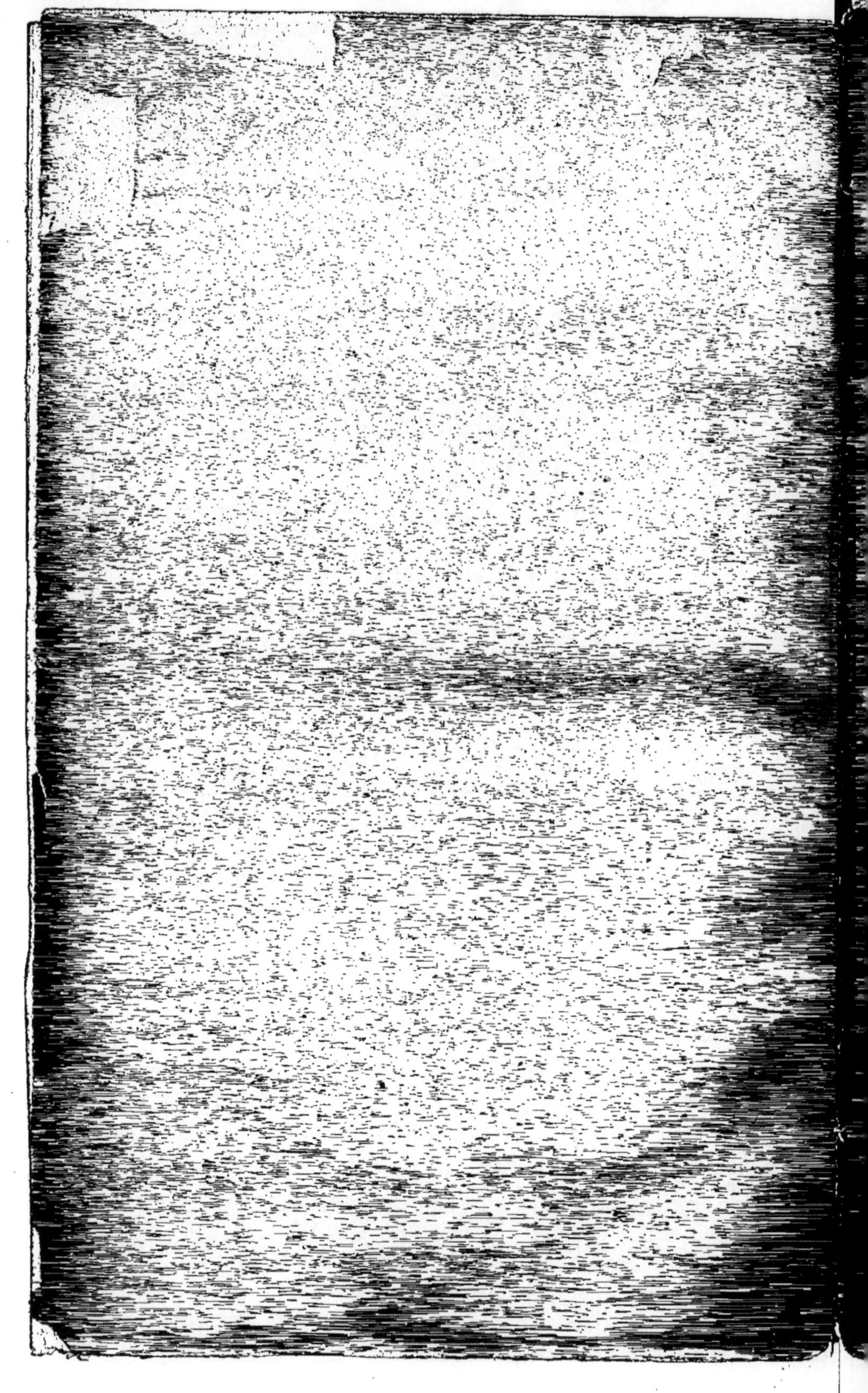

COURS

D'AGRICULTURE, DE VITICULTURE

ET

D'HORTICULTURE

Conforme au Programme adopté, le 9 Janvier 1891
par le Conseil Général de la Marne

À L'USAGE DES

ÉTABLISSEMENTS D'INSTRUCTION PUBLIQUE DU DÉPARTEMENT

PAR

M. C. DUBRULLE

*Licencié ès sciences naturelles, Professeur chargé du Cours
d'agriculture au Collège d'Épernay
Membre du Comité d'Études et de Vigilance contre le Phylloxera
pour l'arrondissement d'Épernay*

Prix du Fascicule pour le Département de la Marne — 0 fr. 25 centimes

ÉPERNAY

IMPRIMERIE J. DUBRULLE

11, PLACE LÉON BOURGEOIS, 9

1891

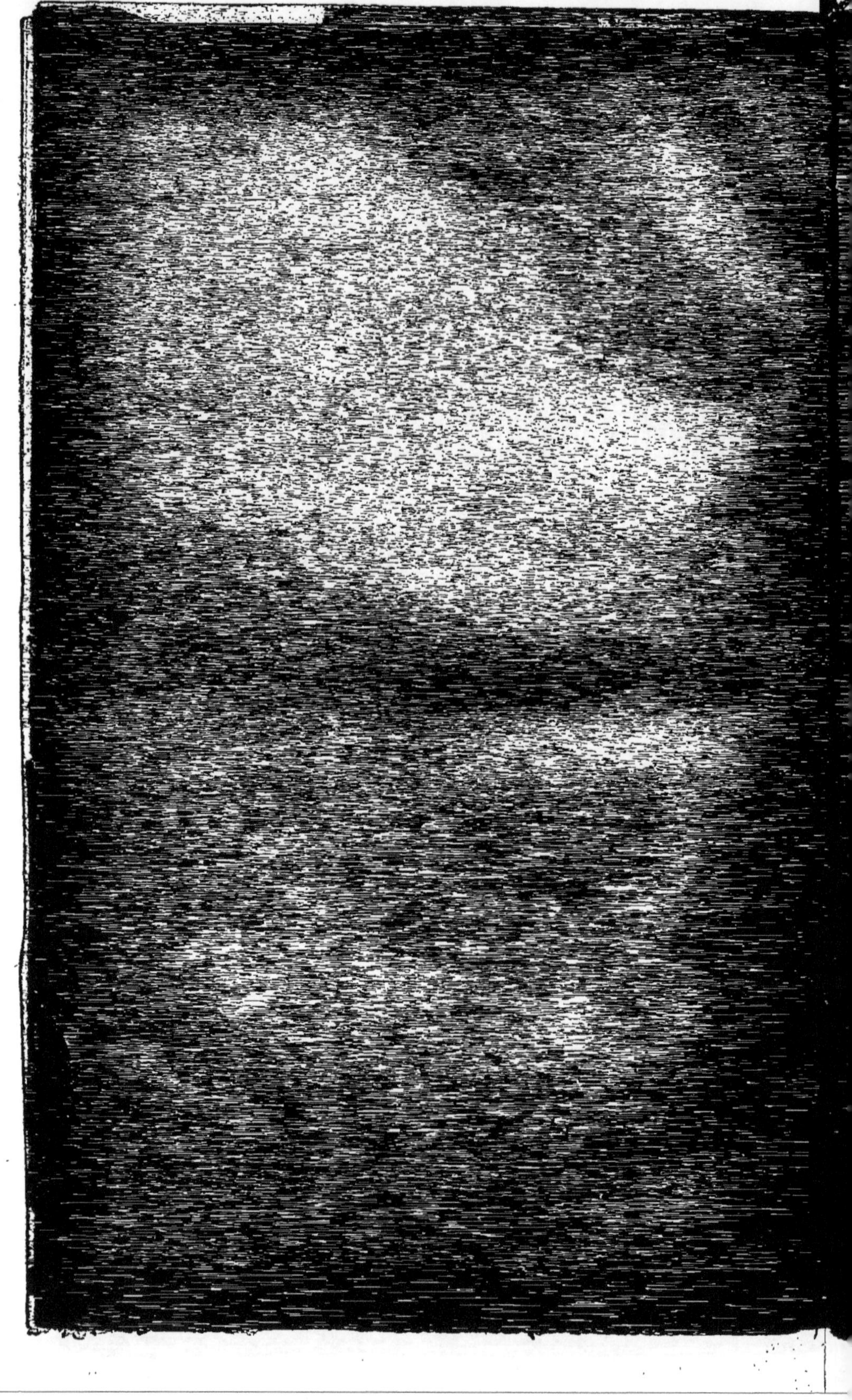

COURS
D'AGRICULTURE, DE VITICULTURE
et
D'HORTICULTURE

Conforme au Programme adopté le 10 Janvier 1891
par le Conseil Général de la Marne,

à l'usage des

ÉTABLISSEMENTS D'INSTRUCTION PUBLIQUE DU DÉPARTEMENT

PAR

M. G. DUBRULLE,

ÉPERNAY
IMPRIMERIE ET LIBRAIRIE

1891

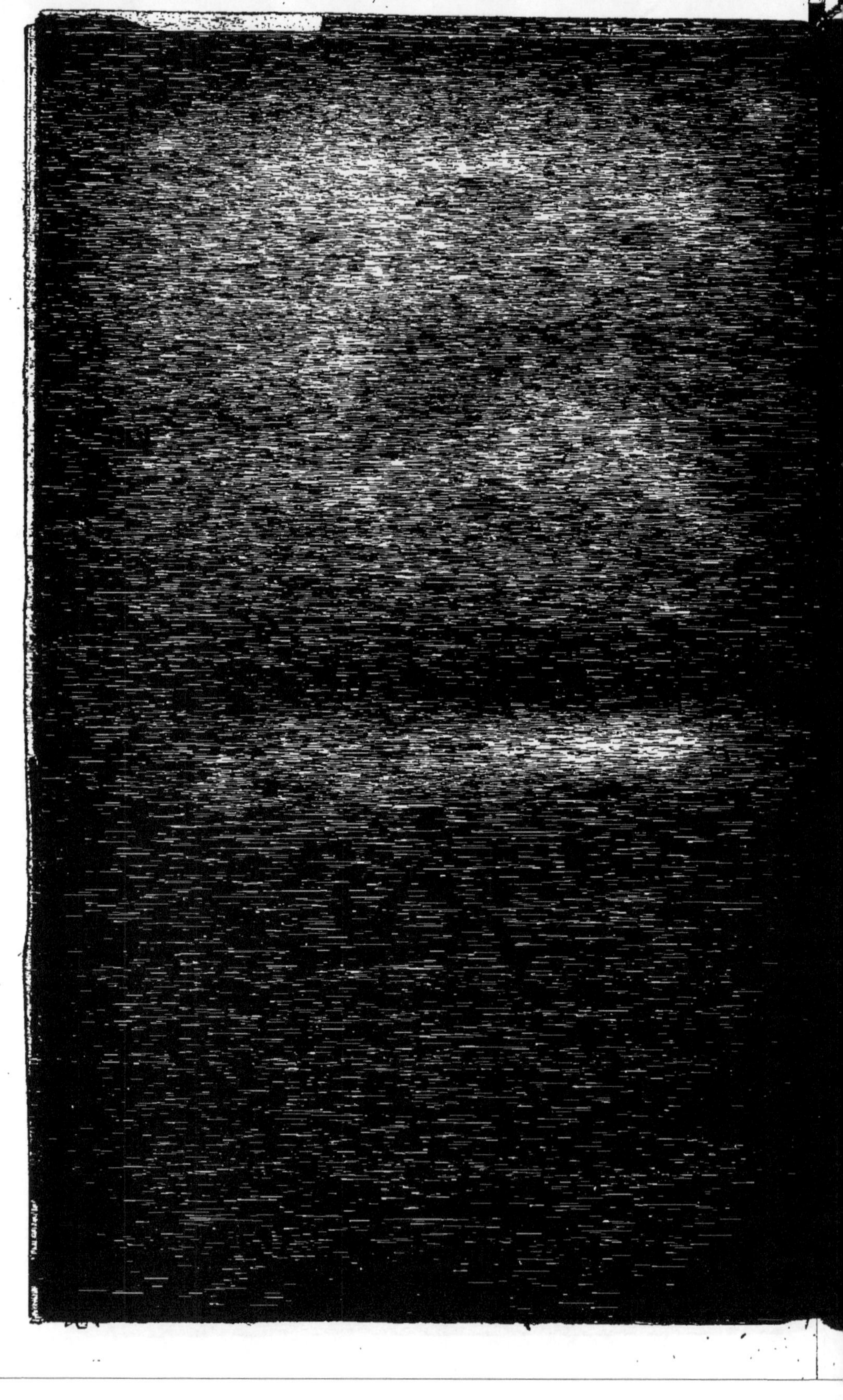

COURS

D'AGRICULTURE, DE VITICULTURE

ET

D'HORTICULTURE

Conforme au Programme adopté, le 9 Janvier 1891
par le Conseil Général de la Marne,

À L'USAGE DES

ÉTABLISSEMENTS D'INSTRUCTION PUBLIQUE DU DÉPARTEMENT

PAR

M. G. DUBRULLE,

Licencié ès-Sciences naturelles, Professeur chargé du Cours
d'Agriculture du Collège d'Épernay,
Membre du Comité d'Études et de Vigilance contre le Phylloxera
pour l'arrondissement d'Épernay.

Prix du Fascicule pour le Département de la Marne : 0 fr. 25 centimes

ÉPERNAY

IMPRIMERIE J. LIEBRECH
9, PLACE HUGUARD, 9

1892

FÉVRIER 1892   N° 5.

COURS
D'AGRICULTURE, DE VITICULTURE
ET
D'HORTICULTURE

Conforme au Programme adopté le 9 Janvier 1891
par le Conseil Général de la Marne,

A L'USAGE DES

ÉTABLISSEMENTS D'INSTRUCTION PUBLIQUE DU DÉPARTEMENT

PAR

M. G. DUBRULLE,

*Licencié ès sciences naturelles, Professeur chargé du Cours
d'agriculture au Collège d'Epernay,
Membre du Comité d'Études et de Vigilance contre le Phylloxera
pour l'arrondissement d'Epernay.*

Prix du Fascicule pour le Département de la Marne : O fr. 25 centimes

EPERNAY
IMPRIMERIE J. DUBREUIL,
9, PLACE FLODOARD, 9

1892

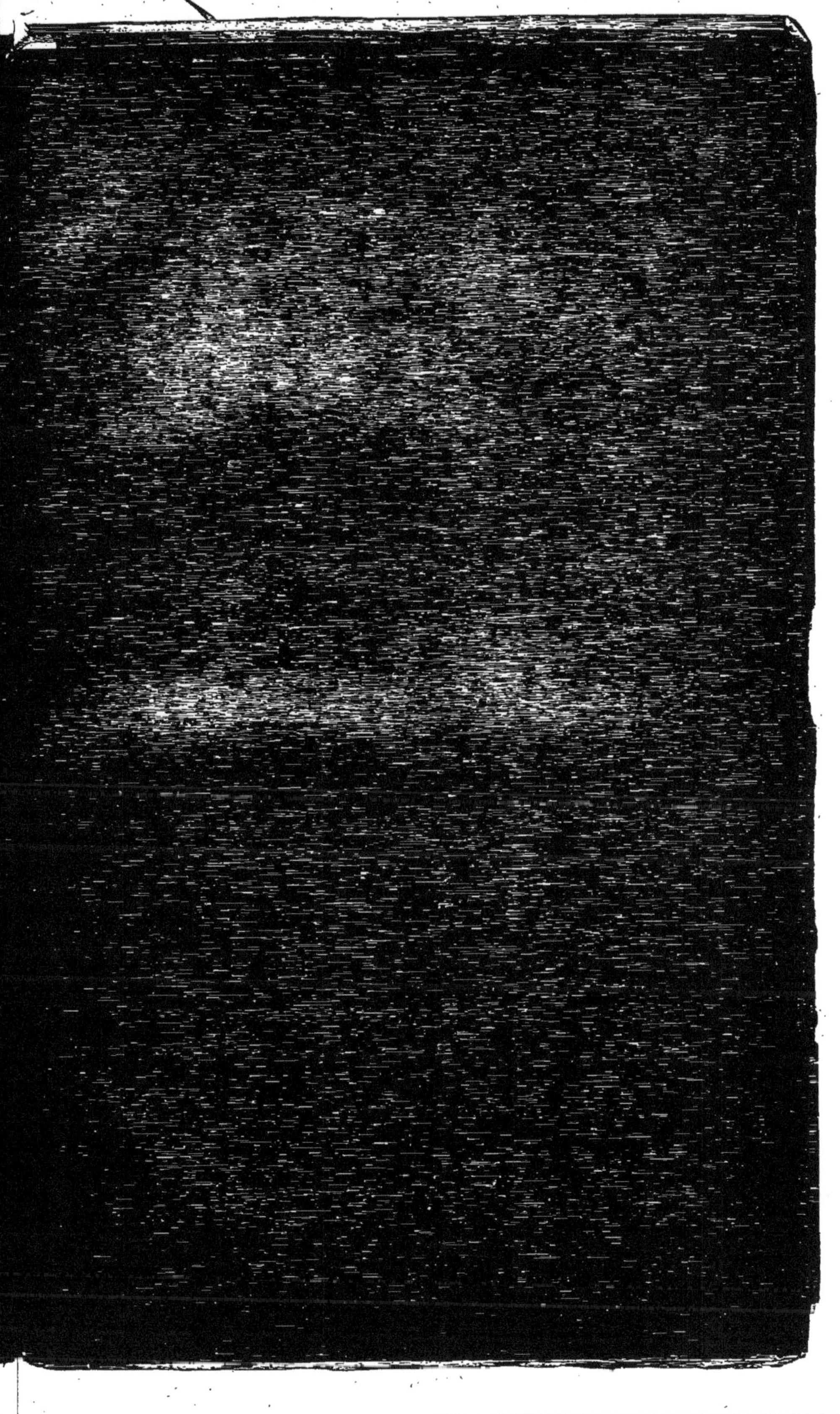

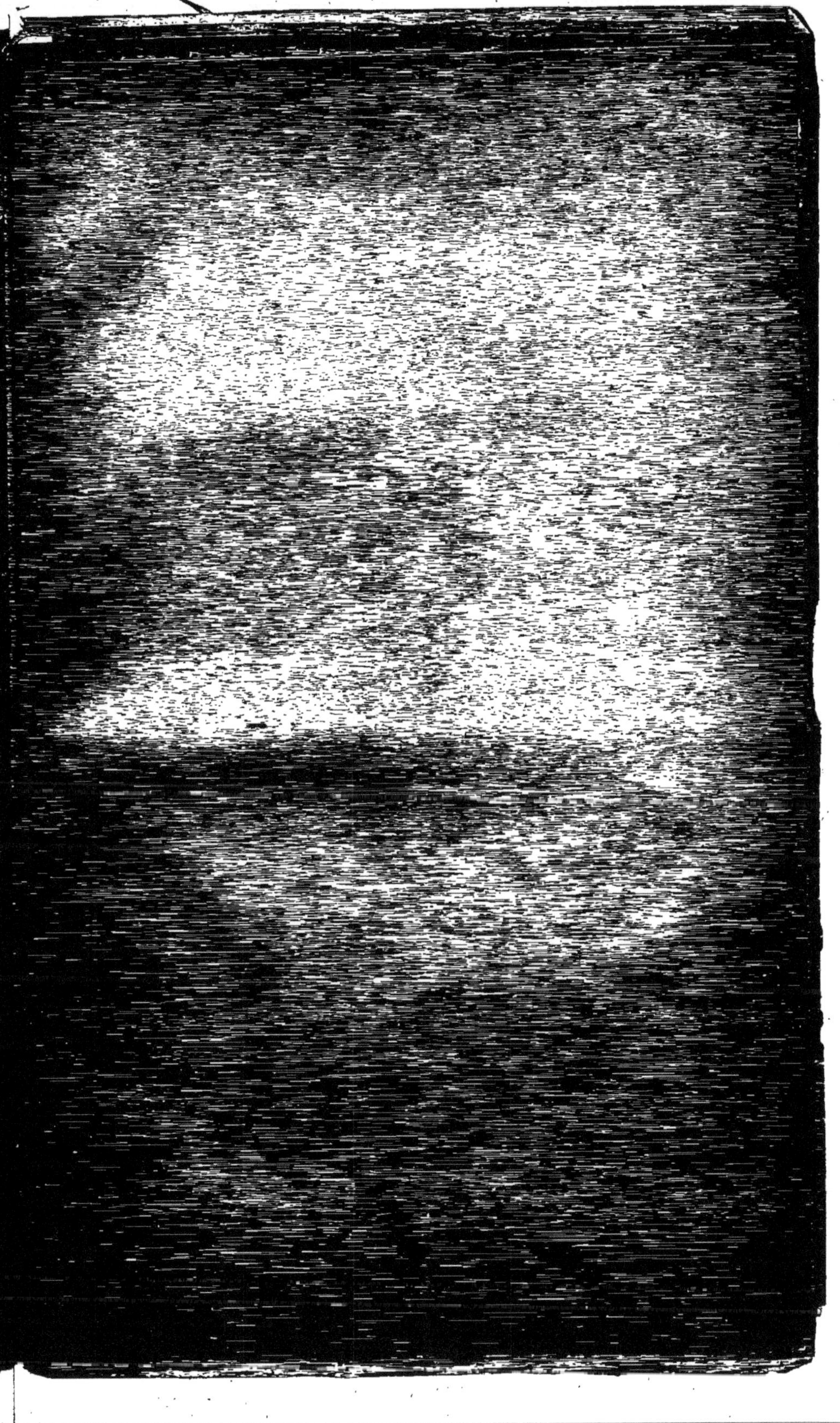

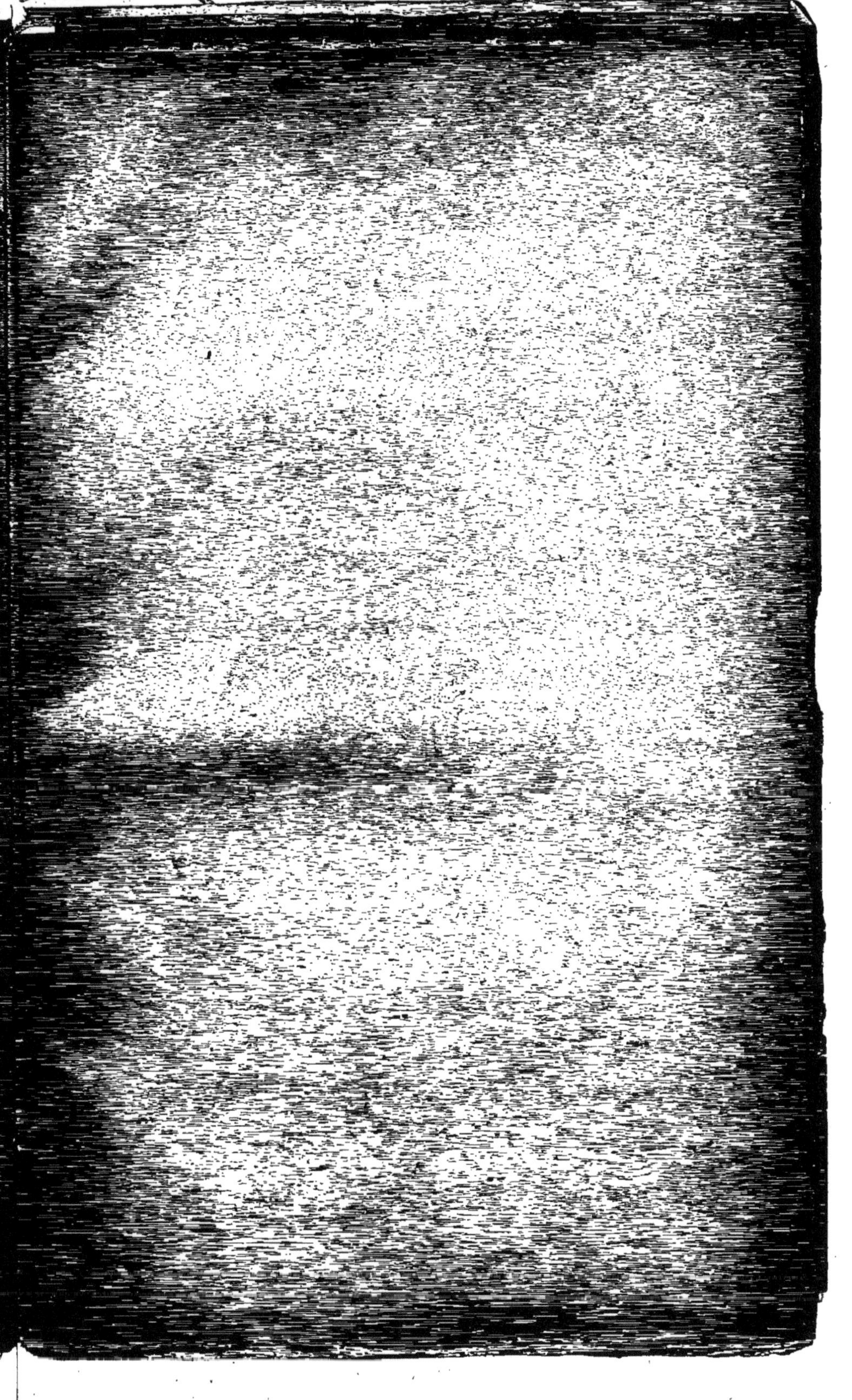

COURS

D'AGRICULTURE, DE VITICULTURE

et

D'HORTICULTURE

Conforme au Programme adopté le 31 janvier 1891
par le Conseil Général de la Marne,

À l'usage des

ÉTABLISSEMENTS D'INSTRUCTION PUBLIQUE DU DÉPARTEMENT

par

M. G. DEBRILLE

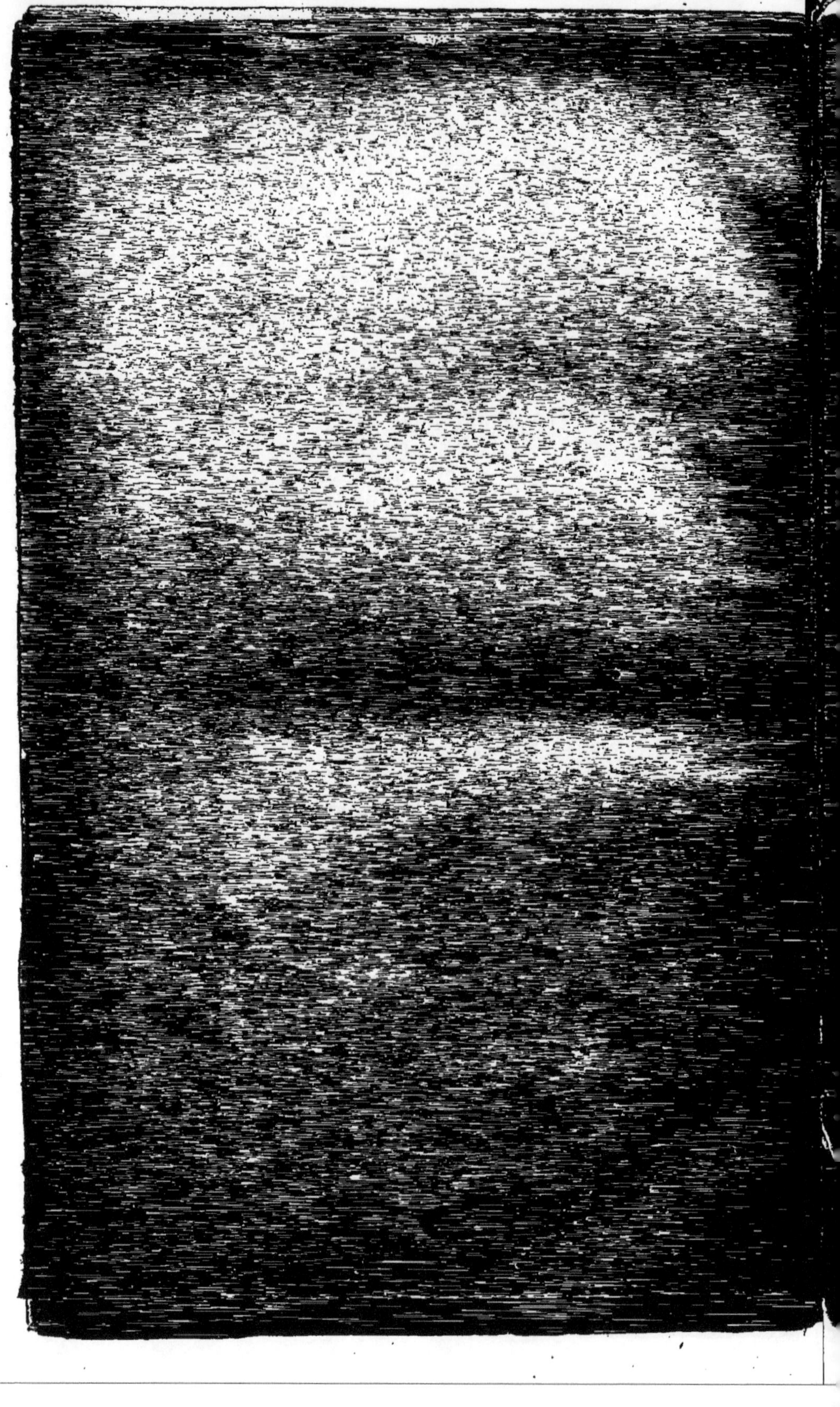

COURS

D'AGRICULTURE, DE VITICULTURE
ET D'HORTICULTURE

Conforme au Programme adopté le 9 Janvier 1891
par le Conseil Général de la Marne,
ET A L'USAGE DES
ÉTABLISSEMENTS D'INSTRUCTION PUBLIQUE DU DÉPARTEMENT

PAR

M. G. DUBRULLE

ÉPERNAY
IMPRIMERIE ET LIBRAIRIE
1892

MAI 1892 — N° 8.

COURS
D'AGRICULTURE, DE VITICULTURE
ET
D'HORTICULTURE

Conforme au Programme adopté, le 9 Janvier 1891
par le Conseil Général de la Marne,

A L'USAGE DES

ÉTABLISSEMENTS D'INSTRUCTION PUBLIQUE DU DÉPARTEMENT

PAR

M. G. DUBRULLE,

Licencié ès-sciences naturelles, Professeur chargé du Cours
d'agriculture au Collége d'Epernay.
Membre du Comité d'Etudes et de Vigilance contre le Phylloxera
pour l'arrondissement d'Epernay.

Prix du Fascicule pour le Département de la Marne : 0 fr. 25 centimes

EPERNAY
IMPRIMERIE J. DUBREUIL
9, PLACE FLODOARD, 9
1892

COURS
D'AGRICULTURE, DE VITICULTURE
ET
D'HORTICULTURE

Conforme au Programme adopté, le 9 Janvier 1891
par le Conseil Général de la Marne,

A L'USAGE DES

ÉTABLISSEMENTS D'INSTRUCTION PUBLIQUE DU DÉPARTEMENT

PAR

M. G. DUBRULLE,

*Licencié ès-sciences naturelles, Professeur chargé du Cours
d'agriculture au Collège d'Epernay,
Membre du Comité d'Etudes et de Vigilance contre le Phylloxera
pour l'arrondissement d'Epernay.*

Prix du Fascicule pour le Département de la Marne : **0 fr. 25 centimes**

EPERNAY

IMPRIMERIE J. DUBREUIL
9, PLACE FLODOARD, 9

1892

COURS
D'AGRICULTURE, DE VITICULTURE
ET
D'HORTICULTURE

Conforme au Programme adopté le 9 Janvier 189.
par le Conseil Général de la Marne

À L'USAGE DES

ÉTABLISSEMENTS D'INSTRUCTION PUBLIQUE DU DÉPARTEMENT

PAR

M. G. DUBRULLE

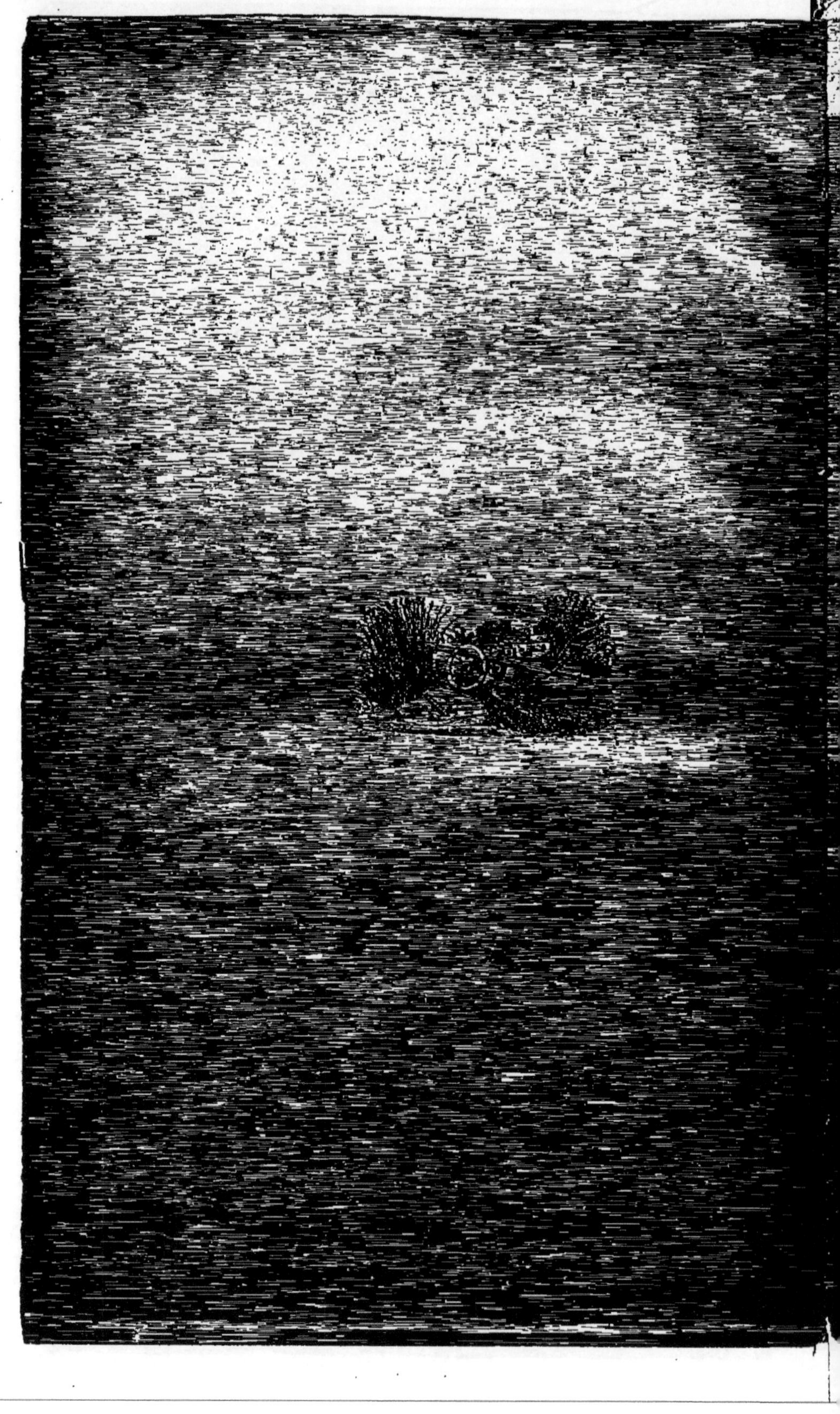

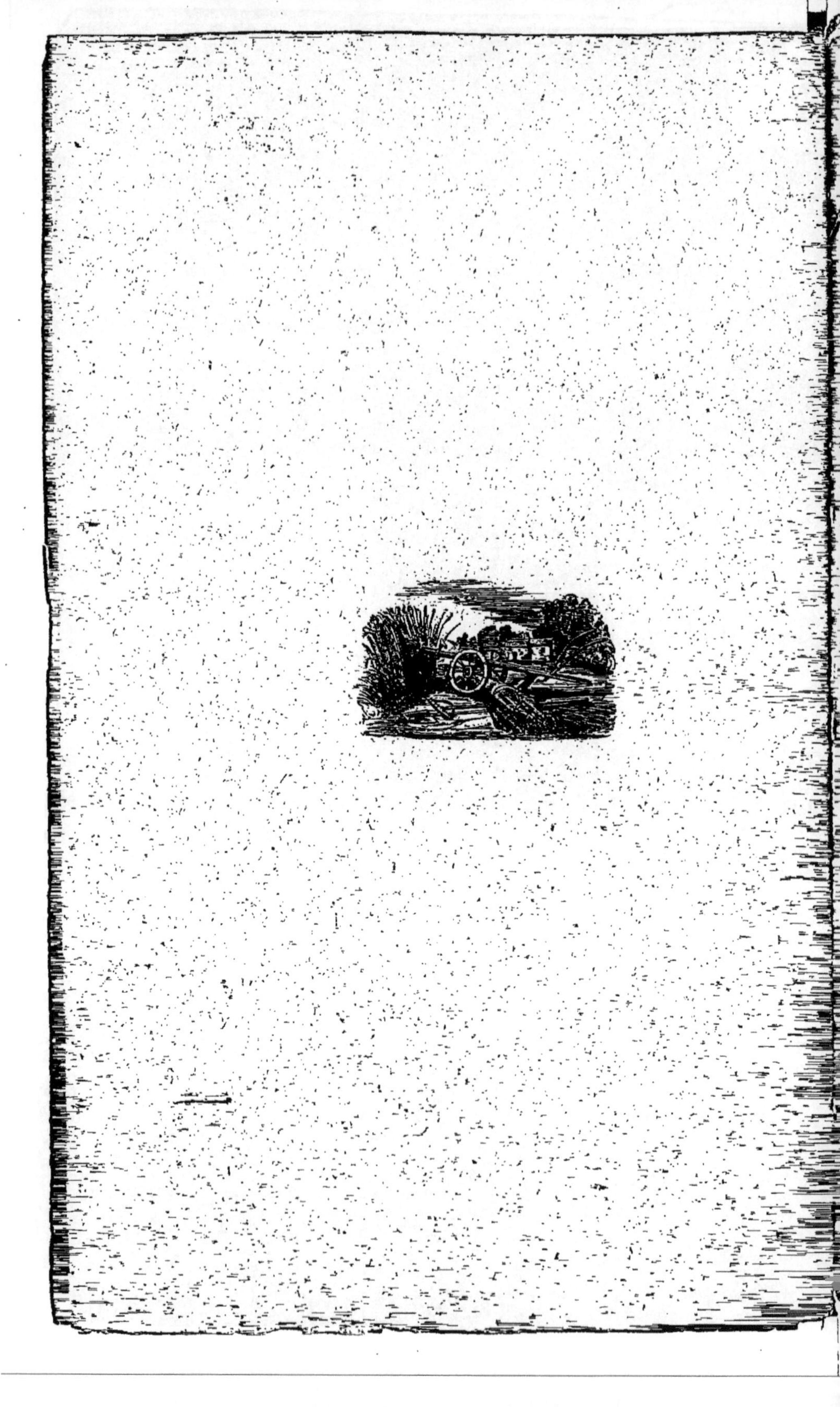

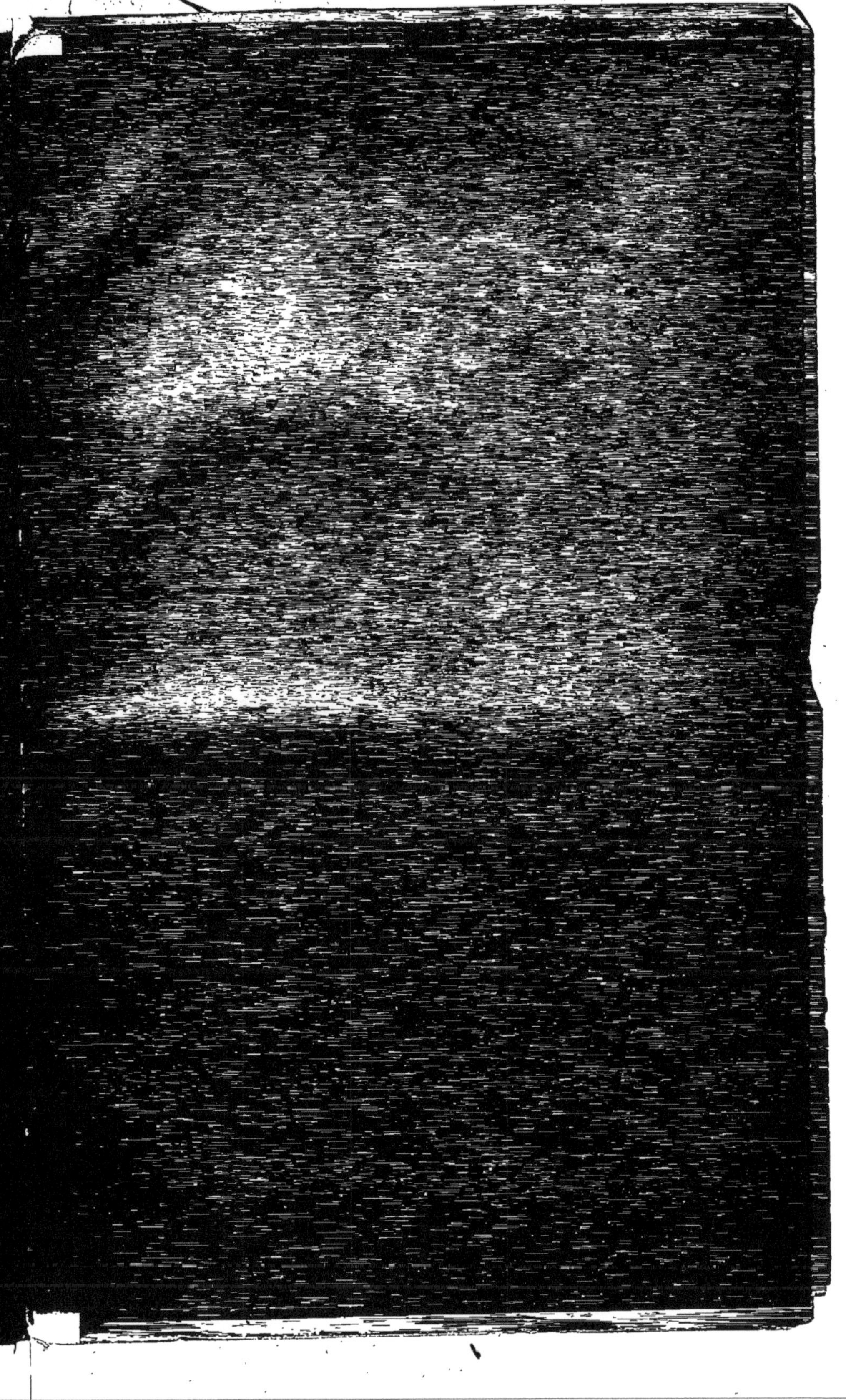

COURS

D'AGRICULTURE, DE VITICULTURE

ET

D'HORTICULTURE

Conforme au Programme adopté, le 9 Janvier 1891
par le Conseil Général de la Marne

À L'USAGE DES

ÉTABLISSEMENTS D'INSTRUCTION PUBLIQUE DU DÉPARTEMENT

PAR

M. G. DUBRULLE,

*Licencié ès sciences naturelles, Professeur chargé du Cours
d'agriculture au Collège d'Épernay,
Membre du Comité d'études et de Vigilance contre le Phylloxera
pour l'arrondissement d'Épernay.*

Prix de Fascicule pour le Département de la Marne : 0 fr. 25 centimes

ÉPERNAY

IMPRIMERIE J. DUBREUIL
9, PLACE HUGUARD, 9

1892

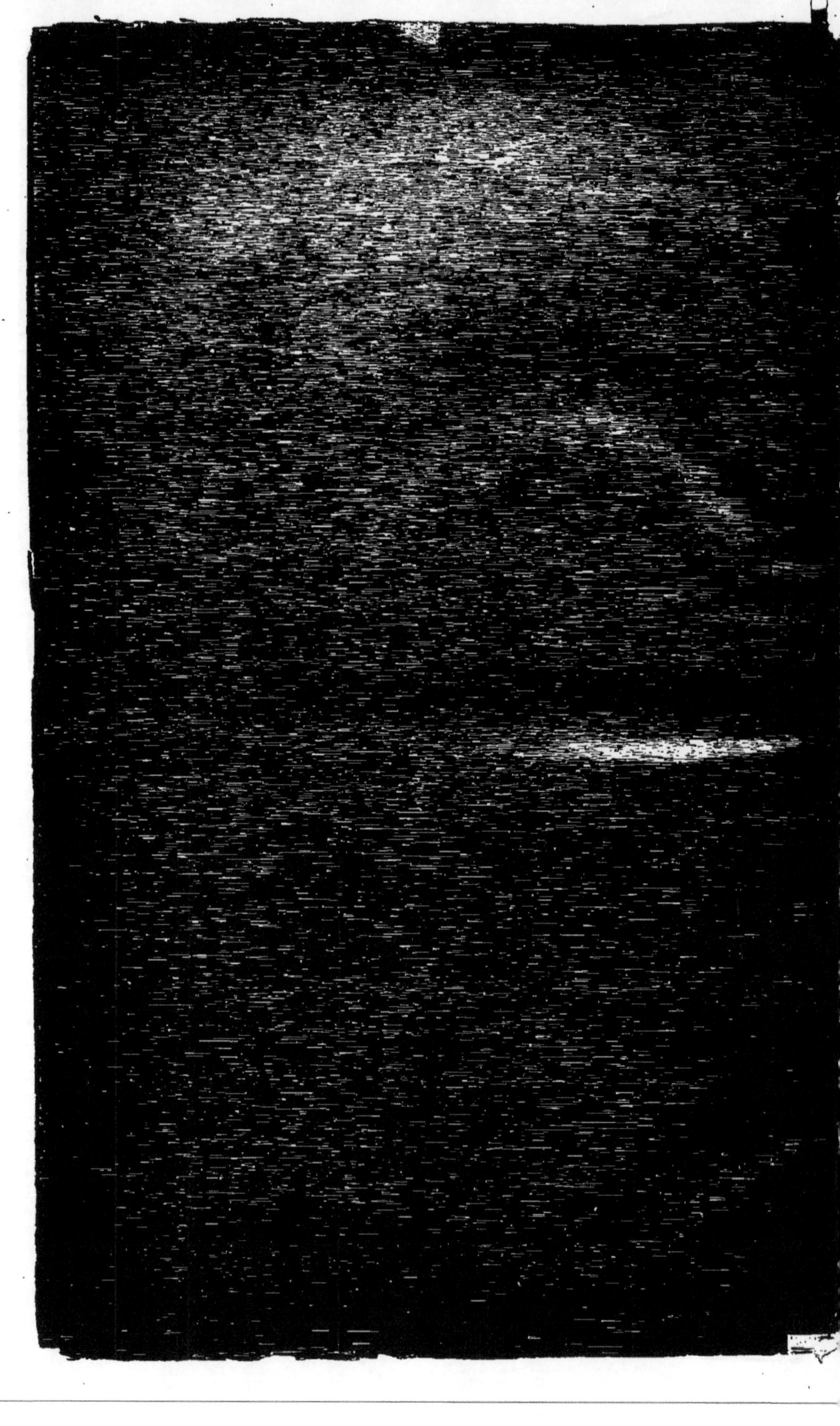

COURS
D'AGRICULTURE, DE VITICULTURE
ET
D'HORTICULTURE

Conforme au Programme adopté le 9 Janvier 1891
par le Conseil Général de la Marne,

À L'USAGE DES

ÉTABLISSEMENTS D'INSTRUCTION PUBLIQUE DU DÉPARTEMENT

PAR

M. G. DUBRULLE,

*Licencié ès-sciences naturelles, Professeur chargé de tous
les cours d'agriculture au Collège d'Épernay,
Membre du Comité d'études et de vigilance contre le Phylloxera
pour l'arrondissement d'Épernay.*

Vente autorisée par le Département de la Marne. — 0 fr. 25 centimes

ÉPERNAY
IMPRIMERIE J. DUBRULLE
21, PLACE SAINT-GODARD, 21
1893

FEVRIER 1893.   N° 13.

COURS

D'AGRICULTURE, DE VITICULTURE

ET

D'HORTICULTURE

Conforme au Programme adopté, le 9 Janvier 1891
par le Conseil Général de la Marne,

A L'USAGE DES

ÉTABLISSEMENTS D'INSTRUCTION PUBLIQUE DU DÉPARTEMENT

PAR

M. G. DUBRULLE,

*Licencié ès-sciences naturelles, Professeur-chargé du Cours
d'agriculture au Collège d'Epernay,
Membre du Comité d'Etudes et de Vigilance contre le Phylloxera
pour l'arrondissement d'Epernay.*

Prix du Fascicule pour le Département de la Marne : **O fr. 25** centimes

EPERNAY

IMPRIMERIE J. DUBREUIL
9, PLACE FLODOARD, 9

1893

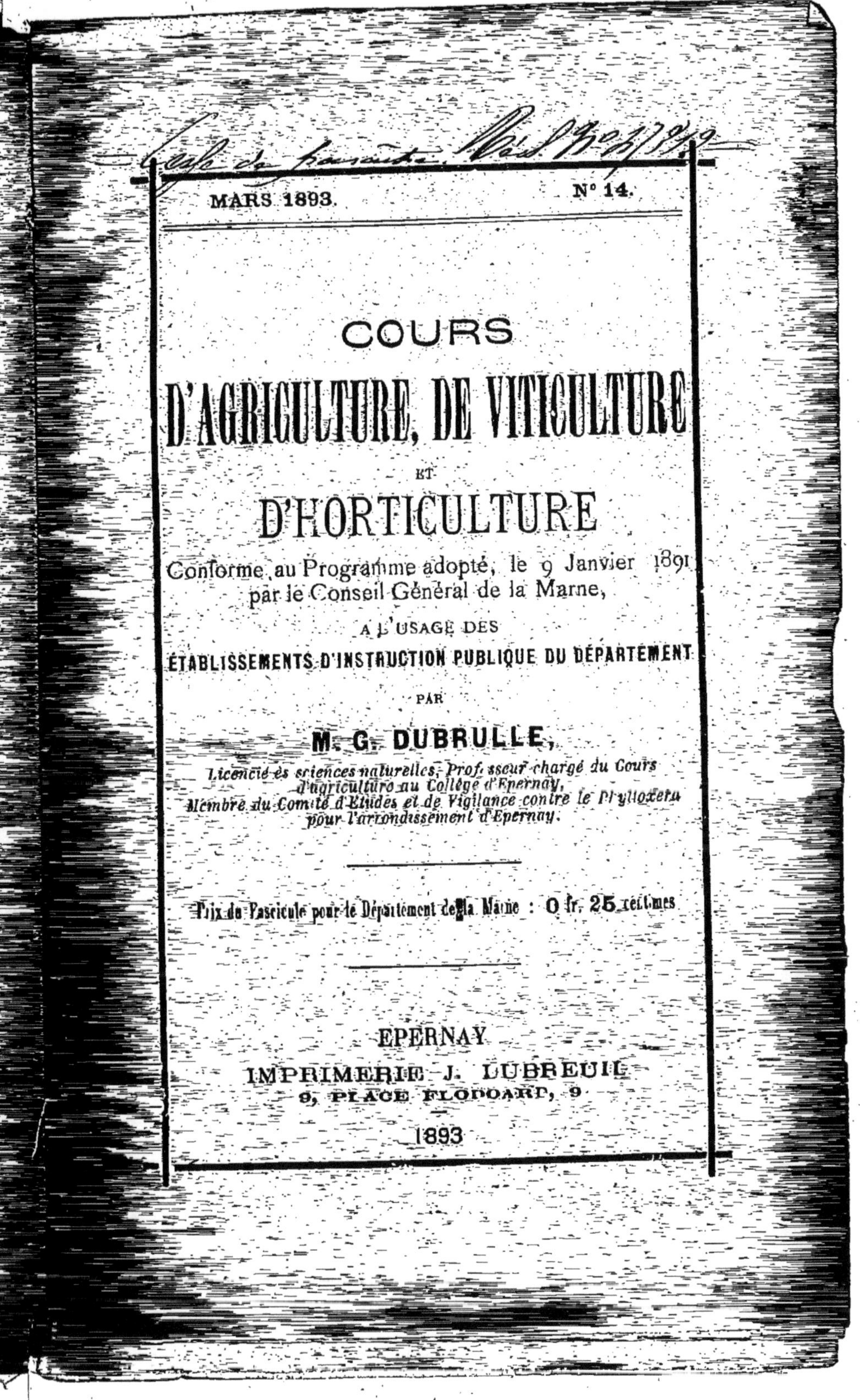

COURS

D'AGRICULTURE, DE VITICULTURE

ET

D'HORTICULTURE

Conforme au Programme adopté, le 9 Janvier 1891
par le Conseil Général de la Marne,

A L'USAGE DES

ÉTABLISSEMENTS D'INSTRUCTION PUBLIQUE DU DÉPARTEMENT

PAR

M. G. DUBRULLE,

*Licencié ès sciences naturelles, Professeur chargé du Cours
d'agriculture au Collège d'Epernay,
Membre du Comité d'Etudes et de Vigilance contre le Phylloxera
pour l'arrondissement d'Epernay.*

Prix du Fascicule pour le Département de la Marne : 0 fr. 25 centimes

EPERNAY

IMPRIMERIE J. LUBREUIL

9, PLACE FLODOARD, 9

1893

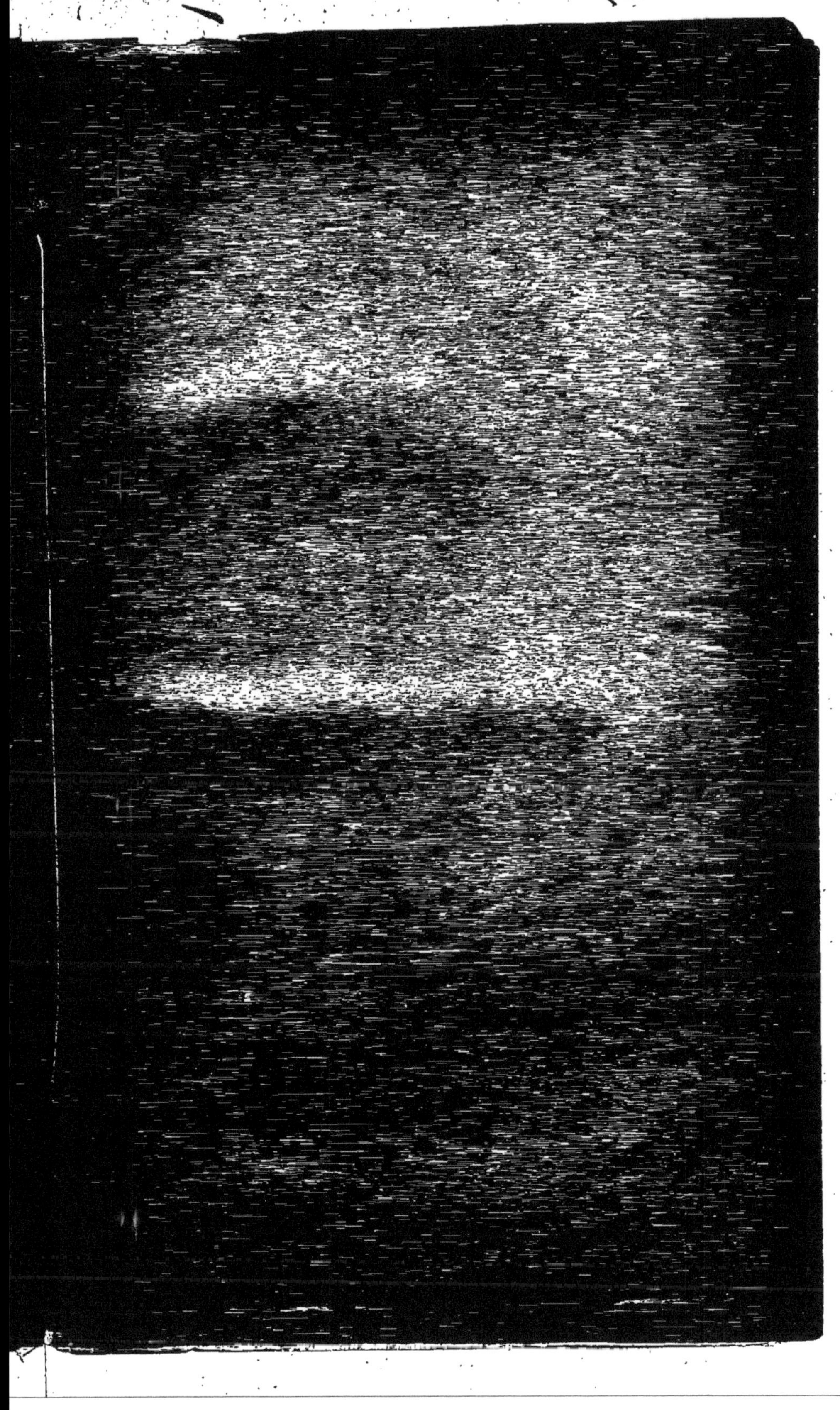

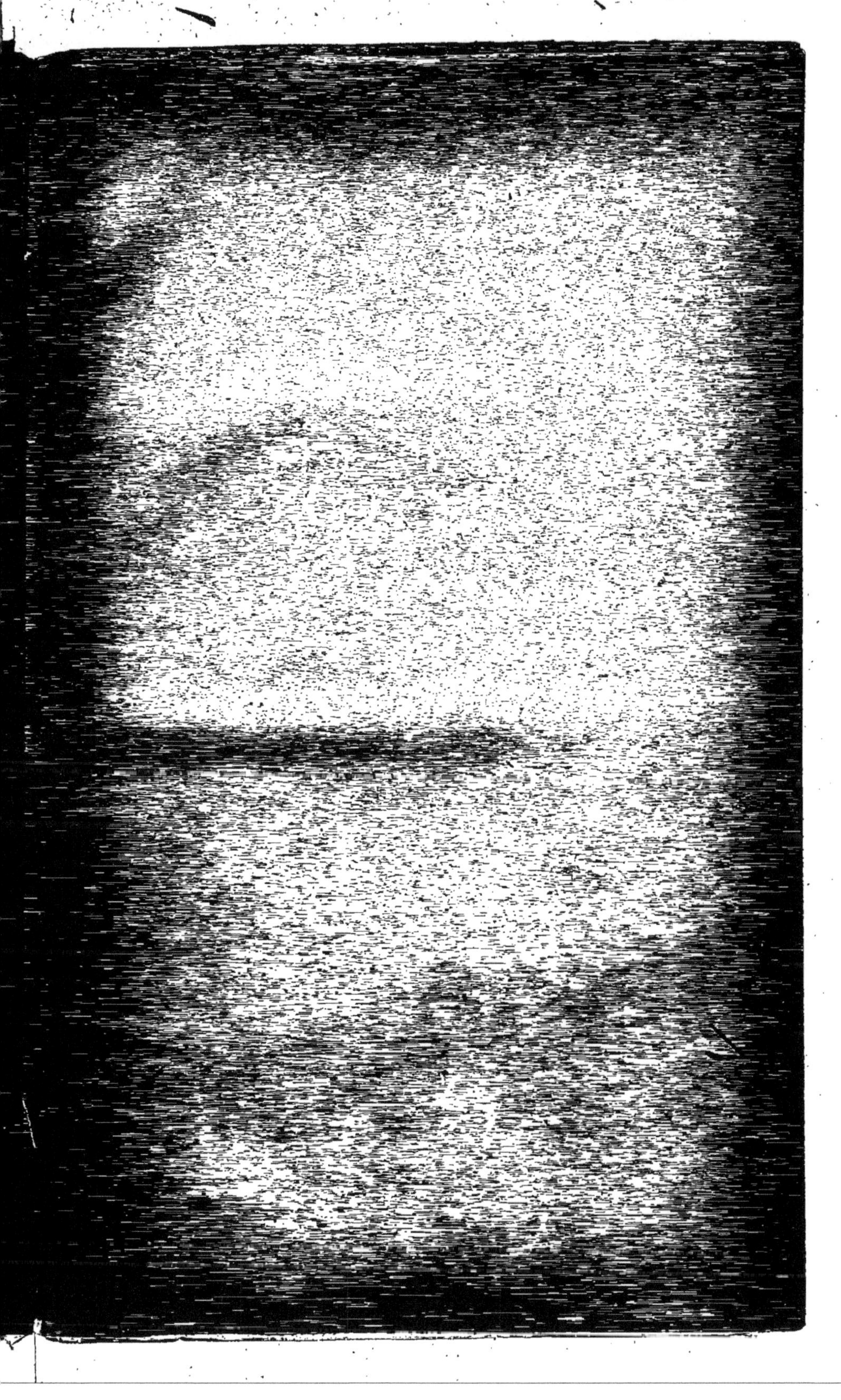

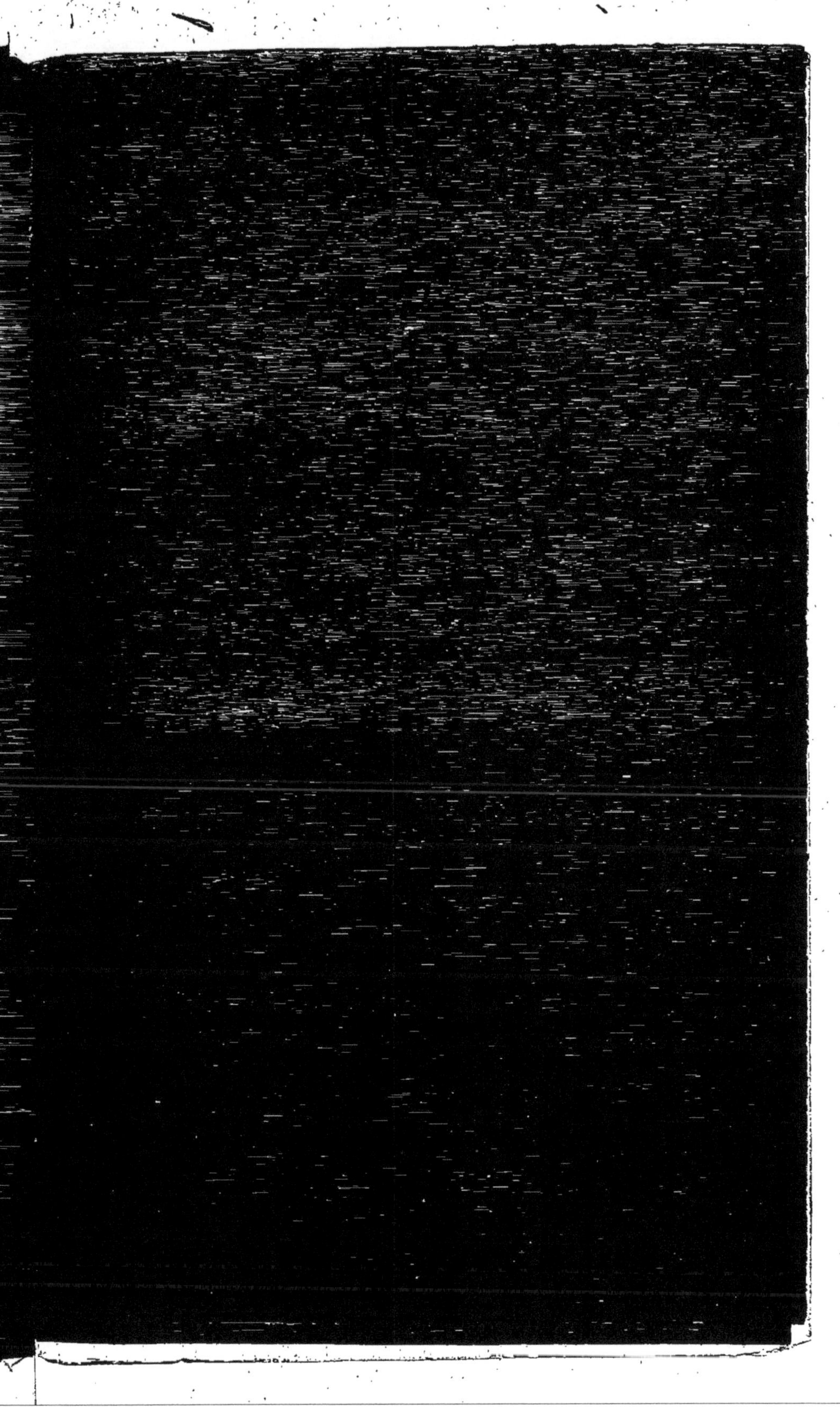

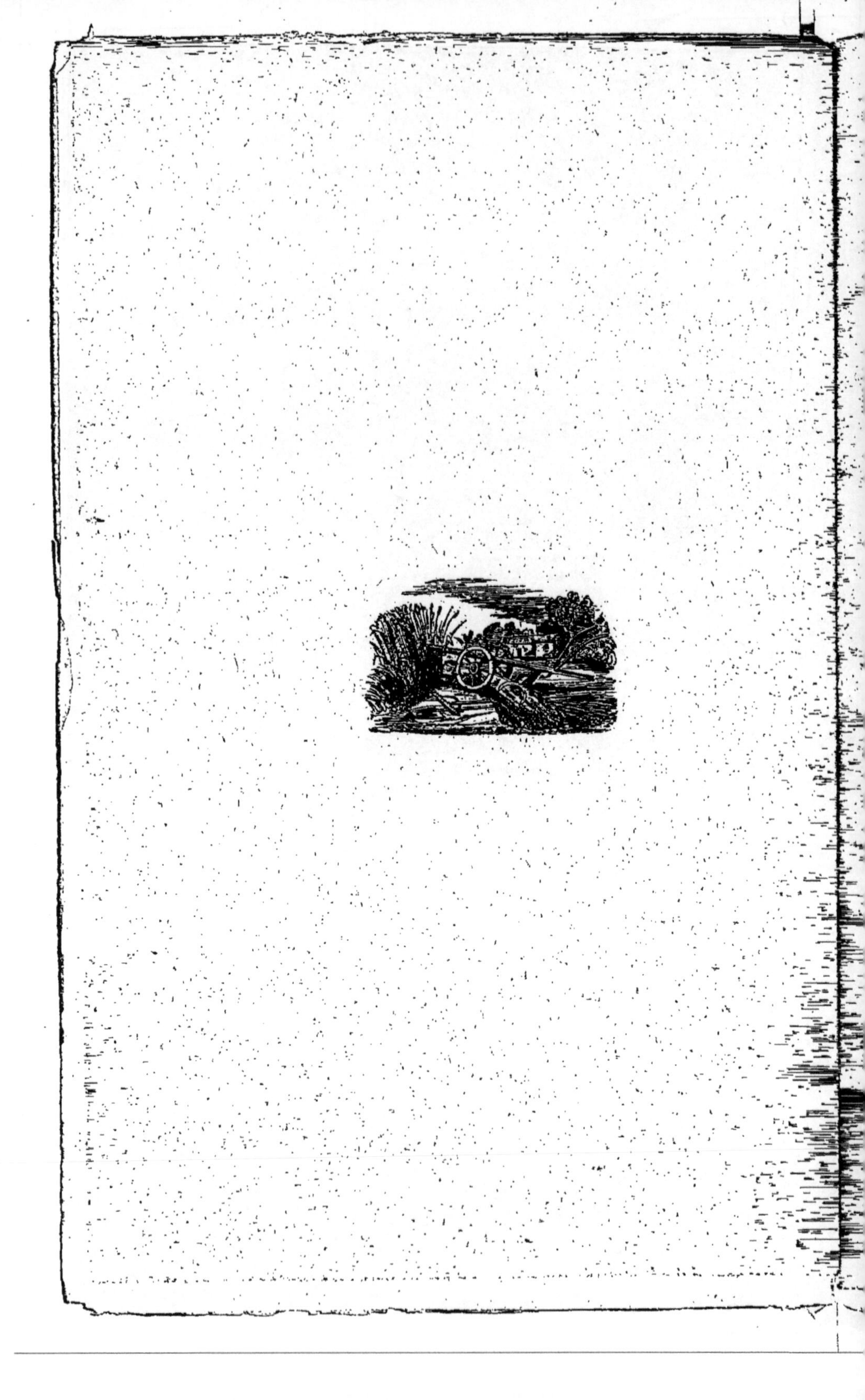

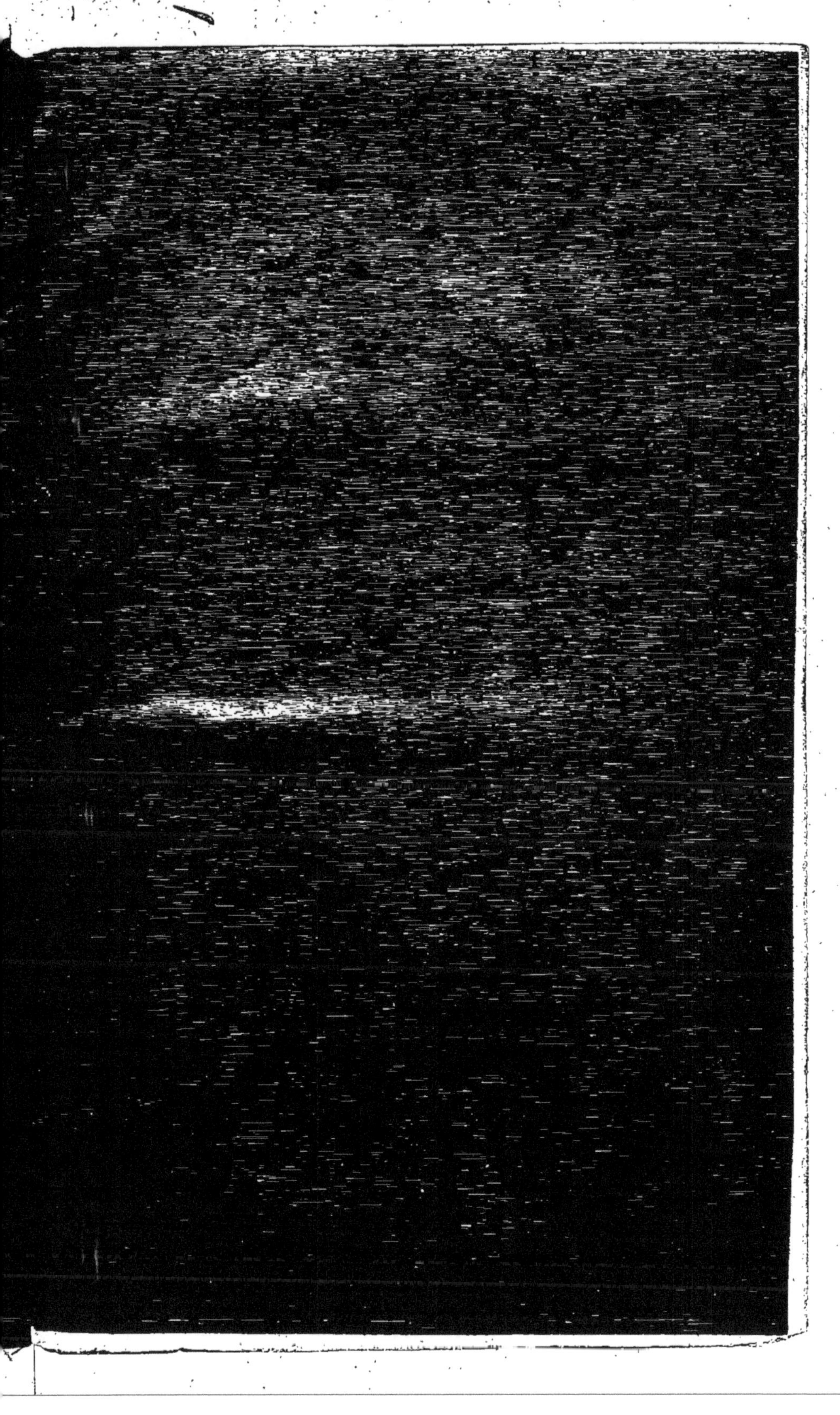

www.ingramcontent.com/pod-product-compliance
Ingram Content Group UK Ltd.
Pitfield, Milton Keynes, MK11 3LW, UK
UKHW022327090726
13658UKWH00001B/124

9 782019 932862